成功的最大敌人不是别人，而是我们自身的弱点

RENXINGDERUODIAN
YUANGONGDUBEN

人性的弱点 员工读本

杜正梅◎编著

成功的历程，就是不断克服自我弱点的历程

克服弱点才能发扬优点，查漏补缺才能高屋建瓴，战胜自我才能成就人生！

认清人性中的弱点，当我们办事的时候针对这些弱点下手，就会事半功倍，顺利成功。

中国言实出版社

图书在版编目(CIP)数据

人性的弱点员工读本/杜正梅编著.
—北京:中国言实出版社,2012.1
ISBN 978-7-80250-634-3

Ⅰ.①人…
Ⅱ.①杜…
Ⅲ.①成功心理—通俗读物
Ⅳ.①B848.4-49

中国版本图书馆 CIP 数据核字(2011)第 212409 号

出版发行 中国言实出版社

地 址:北京市朝阳区北苑路 180 号加利大厦 5 号楼 105 室
邮 编:100101
电 话:64924716(发行部) 64924735(邮 购)
64924880(总编室) 64914138(四编部)
网 址:www.zgyscbs.cn
E-mail:zgyscbs@263.net

经 销 新华书店
印 刷 北京市德美印刷厂
版 次 2012 年 1 月第 1 版 2012 年 1 月第 1 次印刷
规 格 710 毫米×1000 毫米 1/16 13.5 印张
字 数 165 千字
定 价 32.00 元 ISBN 978-7-80250-634-3/B·247

前言

每个人都渴望事业的成功与辉煌、生活的幸福与美满。然而，同为大千世界的芸芸众生，有的人能轻松步入成功的殿堂，有的人却一事无成。这是为什么呢？难道那些成功者都是天才吗？翻阅无数成功人士的奋斗经历不难发现：他们成功的原因，不是因为从出生就天赋异常、高人一等，而成功的过程恰恰是他们不断克服自身弱点的过程。亚历山大、拿破仑因身材矮小而一度自卑，可最终他们战胜自己，在政治上获得辉煌成就；苏格拉底、伏尔泰曾经为失败自暴自弃，可后来他们走出低谷，在学术领域大放光芒；希区柯克和卡夫卡经常要和懦弱焦虑的性格做斗争，最后他们都找到了最适合自己的方向，摘取了电影和文学艺术殿堂上的桂冠……战胜弱点，超越自我，然后才能拥抱成功的精彩世界！

作为企业员工，从入职的那一刻起，就承担着不一般的责任，背负着不一般的期待。作为家人，要养家糊口；身为员工，要为企业谋利；作为自己，要为事业打拼；作为时代弄潮儿，更要不断学习创新，以免成为时代的淘汰者和牺牲品……作为社会建设的中流砥柱，员工们时时刻刻都要勇往直前，顶天立地，容不得半点懈怠。所以，身为员工，注定了要兢兢业业，一往无前，但是这也注定了他们软弱的一面会得到更多的暴露和考验。工作上的挫折、人际关系的失常、生活的重负、身心健康的疲乏、心态习惯的懈怠、金钱物质的诱惑……人性的弱点往往不堪一击，若不能正确认识和战胜它们，就容易在困境的荆棘中迷失自己，丧失道德，走向失败。

“成功学之父”戴尔·卡耐基说：“认清人性中的弱点，当我们办事的时候针对这些弱点下手，就会事半功倍，顺利成功。”而本书正是针对员工的特殊情况，主要从“消极心态、负面情绪、不良工作习惯、自私贪婪、浮躁粗心、因循守旧、社交障碍、沟通技巧”等八方面的人性弱点出发，引经据典，深入分析，并给出有效的弱点解决方法；员工通过阅读本书，可以引导自己认识弱点、正视弱点、利用弱点、控制弱点、战胜弱点，从而驱逐所有的艰难困苦中的迷茫无知，从而发现和成就一个全新的自我。成为自己的主人，工作中的强者，方能成就一番事业。

是的，成功的最大敌人不是别人，正是你自己的弱点。改变命运首先需要认识、掌控和战胜你根深蒂固的人性弱点。人性的弱点与生俱来，但也并非所有弱点都是你成功的阻碍，诸如野心、紧张、爱幻想、虚荣心等心理，在适度的情况下能使人自尊、催人上进，但是如果这些心理过于严重，那就真的会成为你成功的重大障碍。从辩证法来说，弱点有弊必有利，比如说野心。众所周知，显赫一时的拿破仑说过一句被无数员工推崇的名言："不想当将军的士兵不是好士兵。"拿破仑也正是在这样的野心的激励下，从一个默默无闻的科西嘉岛的穷小子，一跃成为叱咤风云的法兰西帝国皇帝、欧洲第一名将，在欧洲所向披靡二十余年，他所建立的荣耀使得法兰西人在欧洲赢得前所未有的尊敬；然而，过度膨胀的野心也让他像所有没有节制的征服者一样，拿破仑也经历了他的滑铁卢——这已经成为纪念他最终失败的一句成语，先是在俄国的惨败，接着是在滑铁卢的失利，使他退出历史舞台，最后于 1821 年 5 月 5 日死在大西洋上的圣赫勒拿岛上。从拿破仑的身上，我们可以发现人性的弱点如此有趣，它是如何成就一个人，又是如何毁灭一个人。如果一个人如果不能正确认识自己的弱点，控制好自己的弱点，那么弱点就会在内心不断膨胀，并在现实中无限地放大，最终毁灭自己。

战胜自身弱点的人才能拥有新世界！尼采说："生命企图高树自己的云梯——它渴望眺望到遥远的远方，眺望着醉心的美丽——因为它要求向上。"超越自我是生命的要求，生命渴望的地方，就是我们在战胜弱点之后才能达到的人生巅峰与成功彼岸！

"以铜为鉴，可以正衣冠；以人为鉴，可以知得失；以史为鉴，可以知兴替。"希望本书能作为您的一面镜子，照出您人生事业中的致命弱点，有则改之，无则加勉。克服弱点才能更好地发扬优点，查漏补缺才能更好地高屋建瓴，战胜自我才能成就伟业！祝愿您能在本书的帮助之下，及时地战胜人性的弱点，为自己铺就一条通向成功的康庄大道！

目录 Contents

第一章 审视弱点，战胜弱点

人性当中有许多与生俱来的弱点，如果任其发展，就会成为你成功的阻碍。但是我们可以正确认识它们和正视它们，然后控制它们乃至战胜它们、消除它们，甚至我们可以把弱点转化成优点。害怕弱点的人，最终会成为弱者；不断反思自身的弱点，才是获得成功的关键。所谓成功，其实就是不断战胜人性弱点的过程。勇敢地克服自己的弱点，才能更好地发挥自己的优点，让你的成功之路更加顺畅！

第二章 杜绝消极心态，乐观向上积极进取

心态是命运的“控制塔”，消极心态是失败、疾病与痛苦的源流，而积极的心态才是成功、健康、快乐的保证！心态决定成败！无论环境的好坏，你都要抱着积极的心态，莫让沮丧取代热忱，一个人的人生可以体现出很高的价值，也可以变得一无是处，随你怎么选择。选择了积极心态的人，他就会到达成

功的彼岸，选择了消极心态的人，也就选择了遭遇失败。

第三章 消除负面情绪，不畏失败坚持到底

心理学上把焦虑、紧张、愤怒、沮丧、悲伤、痛苦等情绪统称为负面情绪，人们之所以这样称呼这些情绪，是因为此类情绪体验是不积极的，身体也会有不适感，甚至影响工作和生活的有序进行，进而有可能引起身心的伤害。有些人会积攒一些负面情绪。如果在办公室里释放，在同事面前唉声叹气、眉头紧锁、做苦瓜脸，负面情绪极有可能传染给同事，让办公室的气氛变得压抑。这负面情绪得不到释放，也会让人憋出"内伤"，表情暴力，严重影响您的交际与工作。远离它们，方能保持您的身心健康，事业顺利。

第四章 摒弃不良习惯，认真负责提高效率

人并非生来就具有某些恶习和不良习惯，而是后天慢慢养成的。这些恶习会给我们的生活工作造成很大的危害，甚至影响我们的终生。每位员工都要各尽本分，紧守自己的岗位，才可以使工作顺利进行。就算只是一位员工的不良工作习惯，不仅影响自己的工作，也会引起同事之间的摩擦；如果你不采取相应的行动，纠正这些不良的工作习惯，甚至会妨碍整个公司的氛围，更别说影响你的职业发展。不良的工作习惯种类很多，包括不负责任、依赖他人、自由散漫、拖沓、懒惰等，克服它们，才能提高工作效率，鼓舞士气。

第五章 战胜自私贪婪，一心为公乐于奉献

正因为人的自私贪婪作怪，许多人一辈子都受苦受累，甚至不如乞丐活得轻松开心。我们如果守着金山银山，私心仍然不除，永远也不会活得自在，因为私心贪心不会因人有钱有物而缩减，人心不足，私心反而会越膨胀越大，人越想满足它、填满它，最终只能把自己也永远“葬在”这个无底深坑中。而我们应该做的，是放弃自私自利，用真心投入工作，为单位建设，勇于奉献、乐于奉献，一生就会平安幸福快乐。

第六章 切忌浮躁粗心，专注细节脚踏实地

在工作中只想做大事，不愿做小事，只想成就丰功伟业，而不屑于专注细节，这样的员工，浮躁冒进、眼高手低、急于求成，结果往往因为自身工作经验不足，缺乏对职场规则及行业规则的了解，最后一事无成。其实小事、细节、基层才是最锻炼员工素质的地方，因为从最基础的事情做起往往最能考验一个人的工作能力与毅力。

第七章 克服因循守旧，不断创新超越自我

日新月异的市场经济鞭策着每一个员工与时俱进。死守旧观念，必然阻碍新事物更好更快地发展，安分守己、不思进取、谨小慎微、随波逐流，必然会让自己的思想知识落后腐朽，而成为时代的“牺牲品”，过早地淘汰于市场。我们应该做的是解放自己的思想，改进我们的方法，创新我们的观念，提高我们的认识，锐意改革方可勇立潮头。

第八章 克服社交障碍，不卑不亢赢得人缘

卡耐基说过，人的成功，百分之三十来自能力，百分之七十来自人际关系。所以平时应正确培养自己的社交能力。在我们的工作环境里，建立良好的人际关系，得到大家的尊重，无疑对自己的生存和发展有着极大的帮助，而且有一个愉快的工作氛围，可以使我们忘记工作的单调和疲倦，也使我们对生活能有一个美好的心情。遗憾的是，我们常常听到不少人对怎样处理好办公室里的人际关系感到棘手，抱怨甚多。其实，只要我们为人正直，心怀阳光，用心并努力，做个受人喜爱的员工并不是很难的事。

第九章 改善沟通技巧，真诚谦和促进合作

在工作中我们要学会人际沟通。人际沟通是指一种有意义的互动历程，高效的沟通需要讲究方法。在职场中，不管是对上司、下属、同仁、客户，或对各接洽商谈的单位，都需要良好的沟通，否则工作将无法顺利进行，良好的人际沟通是润滑剂，它能消除职场中人与人的摩擦，所以良好的人际沟通能力对员工来说非常重要。在职场中，学习做更好的沟通使人际关系更圆融，也使生命更精彩、更有意义！

第一章　审视弱点，战胜弱点

人性当中有许多与生俱来的弱点，如果任其发展，就会成为你成功的阻碍。但是我们可以正确认识它们和正视它们，然后控制它们乃至战胜它们、消除它们，甚至我们可以把弱点转化成优点。害怕弱点的人，最终会成为弱者；不断反思自身的弱点，才是获得成功的关键。所谓成功，其实就是不断战胜人性弱点的过程。勇敢地克服自己的弱点，才能更好地发挥自己的优点，让你的成功之路更加顺畅！

1. 认识我们的弱点

每个人都有弱点，无论他看起来是多么的强大。“科学巨匠”爱因斯坦在科学领域是巨人，但在生活习性上却像个不懂事的孩子，不修边幅，生活邋遢，特别是他的头发几乎从没梳过！意大利文艺复兴时期伟大的绘画家、雕塑家、建筑师和诗人米开朗基罗在艺术领域可谓天才横溢，但他性格怪僻，情绪暴躁，在社交方面几乎完全无法与人沟通。建立了“质量守恒定律”的化学家拉瓦锡家庭富有但依然贪婪，他赎买了国家的征税大权，变本加厉地向平民强行征收高额赋税，他思想保守反动，最终在法国大革命中被新政府处决了。最早发明和使用麻醉药的三位医生莫顿、杰克逊、朗，为了争夺“乙醚”的发明权而耗费自己的全部时间和大量金钱，以致最后贫困与疾病交加、甚至发疯，在输赢尚未定论前纷纷离开人世……“金无足赤，人无完人。”世界上没有十全十美的人，在每个人的身上，都有着许许多多大大小小的弱点。伟人如此，作为普通员工的我们亦是如此，所以面对自己的弱点，无须自卑，无须逃避。

人性的弱点，有时候显得可爱，有时候又让人憎恨，因为它们隐藏很深，人们不知不觉就上了他们的“贼船”。而有些致命的弱点又总是在人们意志薄弱时凸显，扰乱人们的行为，以致做出一些可笑、可叹、可悲甚至可恨的事情来。那么，我们要想取得事业的成功和人生的圆满，就必须正确认识并克服那些致命的弱点：如自卑、自负、无情、抱怨、依赖、懒散、自私贪婪、三心二意、优柔寡断、急躁冒进、恃才傲物，等等。

俗话说：“可怜之人总有可恨之处。”这些“可恨之处”便是人性的弱点。这些弱点轻易间便能摧毁貌似完美的人生。严嵩是一个才高八斗、学富五车之人，然终因贪虐淫纵，成为万人斥骂的罪人；北宋皇帝徽宗赵佶，其书与画均可名留青史，其书，首创“瘦金书”体；其画，尤好花鸟，并自成“院体”，充满盎然富贵之气，令花鸟画步入其全盛时期，然而其极尽享乐、奢侈糜烂，疏于治国，最终遭遇靖康之难，国破山河碎。

又如三国的关云长，一生经历无数战斗，赢得众人的赞美。虚荣心让他越来越自负，他觉得自己智勇双全，无人匹敌。这个弱点被东吴的陆逊所利用，在荆州一战中，这个23岁的青年才俊不停地写信吹捧关羽。关羽收到陆逊吹捧自己的信后，更加得意洋洋，对东吴军队完全丧失警惕。终于，吴军白衣渡江，兵不血刃地轻取荆州。无奈之下关羽西走麦城。最终，在麦城的突围中，58岁的关羽和其子关兴一同被俘，惨遭杀害。

又如“生当作人杰，死亦为鬼雄”的项羽，他生逢乱世，相机而起；勇冠三军，叱咤风云；引兵北上，逐鹿中原；问鼎咸阳，裂土封王……曾一度左右过历史的进程，项羽在战场上的无往不利，相对的却是政治上的幼稚，甚至是愚蠢。坑杀战俘，放弃关中，怀念楚国，放逐义帝，自立为王却失尽人心。更为突出的表现是在用人方面，因其“嫉贤妒能，有功者害之，贤者疑之”。刘邦手下萧何、张良、韩信、彭越、英布出身各不相同，却可以尽发挥其所长。谋士提出了好的计谋，但项羽鲜有采纳。韩信是一个智勇双全的良将，只因一腔抱负无从实现而黯然离去。谋士范增最终也只得愤然离开。项羽最终彻底成了孤家寡人，而后在楚汉战争中为汉王刘邦所败，最终自刎乌江。

往往，那些人们最不以为然的弱点，不经意间就成了他们人生的最大败点。如果不能及早发现和认识这些弱点，我们的人生也会迟早一败涂地。不能认识自身的弱点，就会在别人打败自己之前，就已被自己打败。

有人说“时代造就悲剧”，但是乱世也能出英雄。所以，与其埋怨社会环境，不如自我反省，发现和认识自身的弱点，因为这才是导致我们人生事业失败与止步不前的最大原因。但所谓“当局者迷，旁观者清”，人们往往只看到了目标、希望，看到了外在的条件，而忽略了自身的弱点。在这个充满竞争的时代里，不能发现和认识自己弱点的人就像一艘到处是漏洞的帆船，水从船底漏进来，风从帆篷穿过去，这样的航程必然半途而废，他也最终会在时代的惊涛骇浪中翻船抑或沉没。所以，我们要想人生与事业之帆一路顺风，首要的就是必须要对自己“查漏补缺”。

人人都有弱点，弱点并不可怕，可怕的是当它已造成灾难性后果时我们还不自知。不能认识自己的弱点，就会一直被弱点牵制，不能自由地前进。不能认识自身的弱点,就会在困难打倒我们之前,我们就不知不觉已然被自己打败。人性的弱点如影随影,但它不一定就会成为我们人生的障碍,命运掌握在我们自己的手中,弱点也同样掌握在我们自己的手中,只有我们能够及时发现它们,认识它们,然后,我们才能够正确地运用它们,修正它们,清除它们,规避它们,使它们不至于成为自己人生路的障碍,从而让人生的航程行驶得更加顺畅。

2.敢于正视自己的弱点

每个人都追求优秀,每一个人都渴望完美,可这世界上能找到完美无缺的人吗?有很多弱点,我们无法一时半会儿、甚至永远无法改变它们、克服它们,那么我们就要虚心接受它们,正视它们。一个事业有成的残疾人在回答别人"你怎么看你自己——从小就长成这个样子"的问话时说:"我只看我所有的,不看我所没有的。"人首先应该是爱自己、相信自己和坦诚的接受自己。试想,如果连自己的弱点都无法接受,眼中永远充满了自卑,那你又有什么理由让别人去接受你呢?

面对弱点,我们自己所能够做的就是正视自己的弱点,去改正我们通过自身的努力能够改正的;同时坦然的接受我们无法改变的事实。而如果有些弱点,明知无法改变,自己又无法真正接受,那么就免不了病急乱投医,其后果只会弄巧成拙。

有这样一个发人深思的故事:印度一个人娶了一个太太,太太面貌秀丽,体态婀娜,两人情如金石,恩恩爱爱,简直是珠联璧合,在当地成为夫妻的楷模,太太是柳眉、凤眼、樱桃嘴,但瓜子脸蛋上,却镶嵌了一个酒糟鼻,好像是艺术家的粗心,对一件原本可以傲视时间的艺术精品,少雕刻了几刀,显然是一种遗憾。她的丈夫对太太的鼻子终日耿耿于怀。一日他路过一个奴隶市场,看到一个身材单薄、瘦小清纯的女孩,正在等待着人们挑选购买,他突然发现这个女孩的鼻子很端正,于是不顾一切的买了

下来，

他花高价买到了一个鼻子很端正的女孩，兴高采烈的带回家，想给心爱的妻子一个惊喜，到家中，他用刀子把女孩的漂亮鼻子割了下来，他拿着血淋淋而温热的鼻子对太太说："亲爱的。快出来，看我给你买回来最宝贵的礼物。"太太说："什么礼物值得你这样大惊小怪？"太太从房间里出来，"你看，我给你买来了世界上最好看的鼻子，你戴上看看。"他说完拿起刀把太太的酒糟鼻子给割了下来，他赶紧把那只端正的鼻子嵌贴在的伤口处，但是无论如何，那个漂亮的鼻子始终无法粘在妻子的鼻梁上。

人性的弱点恰如长丑了的鼻子，是涉及本性的东西，不可能用另一个鼻子装上就可以。所以，要正确认识人性的弱点，客观地看待它，它并没有我们想象中的可怕。

不能正视自己弱点的人，就会对自己的弱点一直耿耿于怀，你越想回避它，它就越会成为你的"眼中钉"、"喉中刺"。不能正视自身的弱点，就难免被自己打败。

有一个姑娘曾经学过一种极难跳的舞蹈，此舞最讲究的是脚法，在通过艰难的练习之后，好不容易把动作生生背熟了，可真正跳起来的时候，却完全不是那么回事。因此，她总是紧张地盯住自己的脚，生怕在哪一个环节跳错，全盘搞砸。有位职业舞蹈老师看她战战兢兢的样子，实在不忍，告诉她："你这个样子，注意力全在自己的脚上，根本做不到将肢体放松，况且，跳舞时一直低头看脚，观众也会受你的影响，想弄明白到底发生了什么。反过来，如果你全身放松，面露微笑，大家看到的便是你的脸。"她受到了启发，便照着朋友说的，将注意力转移，伴着音乐的节拍，面带微笑，抬头挺胸，果然，整体效果马上就不一样了，而对于她本人，如芒刺背的几分钟的舞，现在感觉真是越跳越舒服。

每个人都是有弱点的，有些人对自身的不足过于在意，太想去遮掩，结果往往以瑕掩瑜，适得其反；反过来，试着去面对，去接受它，可能渐渐地也就不那么在乎了;用淡然的心态来正视自己的弱点的时候,生活和事业反而会变得容易起来。

福特公司的总裁曾在全体员工面前亮出他自己的弱点时,说:

1. 我太在意时间。因此,我常常过分系统化,一时之间想完成太多的事,因而进度落后,不免焦躁或恼怒。

2. 我绝对公私分明。这使我看来不通人情,对与公事无关的个人小事毫无兴趣。

3. 我不注重细节。我有点大而化之,宁可将事情简化。当进行一件重大的计划时,我常把可能延误或阻碍整件方案的问题摆在一边,先将事情做成,最后再来处理这些细节。这种做法使我不至于在旁枝末节的崎岖小径里迂回打转,绕不出来;但是也可能因考虑不周全,失去一些机会或造成不必要的误解。

4. 我要求的价码太高。平常我觉得这是个优点,但可能也吓跑了一些我应当跟他交往的人。

5. 我很爱吃东西。美味当前,我总是先吃了再说,吃完之后再来担心。

福特公司的总裁并没有因亮出自己的缺点而让员工瞧不起,相反,员工们更佩服他了。

2005 年的央视春节联欢晚会上,一支名为《千手观音》的舞蹈感动了成千上万的人,领舞邰丽华的名字也在瞬间家喻户晓。邰丽华小时候因高烧而失去了听力,从此进入了一个无声的世界。律动课上,老师踏响木地板的震动,启蒙了她对音乐的痴迷,而被她称作"看得到的音乐"的舞蹈也从此成为她生命里的亮色——成为她赖以表达内心世界的语言。尽管听不见音乐,但是她对舞蹈却有着超强的领悟能力,特别是对音律的把握。2003 年 3 月在波兰,一支《雀之灵》舞动了全场观众的心,当他们知道邰丽华听不到自己的掌声时,流下了伤心的眼泪。

邰丽华先后出访过二十多个国家,在国内外演出数百场,以其"孔雀般的美丽、高洁与轻灵”征服了不同肤色的观众。现在，她是中国残疾人艺术团现任团长、舞蹈演员、艺术总监以及中国特殊艺术协会副主席。原来，上天为她关闭一个世界的同时，也会为她打开一个全新的世界。身体上的弱点为邰丽华打开了一个全新的世界。

有位名叫米莉的多伦多女人，她虽然长得不难看，但身高只有3英尺。因为身高的问题，她多次求职都失败了。为此，她感到非常苦闷和烦恼。有一天，她漫无目的地在马路上闲逛，当她看到一位身高6英尺的英俊男子走过她身边时，她忽然眼前一亮，顿觉商机涌动。于是，她借故接近高个男子，并建议他利用两人的身材特点，开办世界上第一个“极端”食品店，专营大小两极分化的糖果，并用夸张的办法，使之形成鲜明的对比，以引起大人、小孩的好奇心。高个男子听后觉得很有道理，便欣然同意，开张后果然顾客盈门，财源广进。

一个人敢于正视自己的弱点和不足，是勇气的表现，更是智慧的体现。人生是不完美的，维纳斯因为断臂反倒成就了她的精美绝伦，而一弯新月也因不圆满而成为另一种优雅与美丽。

所以有时弱点也是一种美，也是一种完善自我的起点，也是一把通向成功的钥匙，因此，我们有什么理由不去正视他们呢？

3. 聪明者善于把弱点转化为优点

辩证法告诉我们，一切事物都处于转化之中，我们身上所谓的优点和弱点也是辩证的，表面是弱点，实质却包含着优点的潜能；今日的弱点，也许就是明日的优点。在一定的条件下，掌握一定方法就可以把我们的弱点转变成优点。

美国NBA的夏洛特黄蜂队的1号博格士，博格士身高只有1.6米，在东方人里也算矮子，更不用说在即使身高两米都嫌矮的NBA了。据说博格士不仅是现在NBA里最矮的球员，也是NBA有史以来破纪录的矮子。但这个矮子却是NBA表现最杰出、失误最少的后卫之一，不仅控球一流，远投准确，甚至在高个队员中带球上篮也毫无所惧。每次看博格士像一只小黄蜂一样，满场飞奔，人们心里总忍不住赞叹：他不只安慰了天下身材矮小而酷爱篮球者的心灵，也鼓舞了平凡人内在的意志。

博格士天赋异禀吗？当然不是，这是他艰苦磨炼的结果，但如果非要这么说，那也只能归功于他在球场上最不占优势也是最占优势的"身高"。博格士从小就特别矮小，但他非常热爱篮球，几乎天天都和同伴们在篮球场上打球。当时他就梦想有一天可以去打NBA，因为NBA的球员不仅待遇奇高，而且风光无限，是所有爱打篮球的美国少年最向往的梦。当博格士告诉他的同伴"我长大后要去打NBA"时，所有听到他的话的人都忍不住哈哈大笑，甚至有人笑倒在地上，因为他们认定一个1.6米的矮子是绝不可能打NBA的。

他们的嘲笑并没有阻碍博格士的梦想，他用比一般高个人多几倍的时间练球，终于成为全能型的篮球运动员，也成为最佳的控球后卫。他充分利用自己矮小的"优势"——行动灵活迅速，像一颗子弹一样，运球的重心低，不会失误；个子小不引人注意，抢球常常得手。

所以，即使有弱点，也不要害怕，也许正是这弱点不断鞭策着你前进，也正是这弱点让你与众不同，绝处逢生。

要将自己的弱点转化为优势，最关键的是要做你自己，不要悲观失望，每一个弱点中都包含着让你奋发向上的力量，也许我们无须改变弱点，反倒能充分利用这些弱点，让它们成为我们成功的反动力。

希区柯克小时候是一个调皮的小男孩，他出生在一个普通的家庭，为了他能够出人头地，父母对他管教很严。然而，他很不喜欢这种严肃僵硬的生活环境和父母古板的教育方式，所以常常反抗、故意捣蛋，于是严厉的父亲便决定"管制"他，让他服从管教，做一个听话的孩子。一次，父亲叫他送一张纸条去警察局，告诫他说是一件很要紧的事。他拿起纸条拔腿就往警察局奔去。到了警察局，他把纸条交给了一名警察。警察看完，二话不说，就把他关进一间屋子里。他不知道发生了什么事情，害怕到了极点。也不知道过了多久，他终于被放了出来，那个警察凶巴巴地对他说："我们就是这样对付不听话的小孩的。"他终于明白，这是父亲让警察关押自己的，他恨透了父亲，也打定了主意进行更坚决的反抗。但是，惩罚接踵而至。不久，父亲又把他送进以严格著称的圣修格公学，那里的体罚是所有孩子的噩梦——学生每犯一次错误，都要挨打6下手板。他的手经常因为淘气惹祸而被打得红肿。

童年的可怕经历，给希区柯克留下了很深的阴影，严重地影响他日后的生活，自卑、恐惧、紧张、焦虑构成了他性格中最重要的部分，也成了他不可克服的人性的弱点，他对此既难过又无奈。

希区柯克热爱电影。从20岁开始，他就进入电影界，可是一直看不到自己的价值所在。27岁那年，他突发奇想地把自己对世界深深的恐惧、紧张和焦虑，以及对极度礼教压抑下滋生的反叛和变态心理，作为"另类"的电影元素，融入到作品中去，结果大获成功。他一生共拍了53部电影，几乎部部著名，其中《精神病患者》等经典影片，为他赢得了世界性的声誉，成为世界著名的悬念大师、"现代恐怖之父"。

恐惧、焦虑、自卑等负面情绪曾经毁过很多人的人生，而希区柯克却可以因此一举成名。因为，在自身弱点面前，他并没有一味逃避一味被动接受命运的惩罚，而是利用它，把它变成自己的优势，从而登上成功的宝座。

人性的弱点可以毁人，也可以树人。人性的弱点可以成为我们人生的挫败点，也可以成为我们胜利的转折点，只要我们能够巧妙地利用它们。

有这样一则寓言：在一处地势险恶的峡谷，涧底奔腾着湍急的水流，几根光秃秃的铁索搭出一座桥。但是由于地势险恶，桥也不宽，常常有行者过桥时失足葬身涧底。一日,一行三人来到桥头要过桥,他们分别是一位盲人,一位聋人和一位耳聪目明的健全人。这是一座铁索桥,必须要攀附,但是路已至此,没有退路,最后的结果是:盲人过桥了,聋人过桥了,耳聪目明的健全人却跌下铁索桥丧命。为什呢?盲人看不见,不知道山高桥险,所以能心平气和地过了桥。聋人过桥了!聋人听不见,涧底的咆哮怒吼不会让它产生恐惧,于是他也过了桥。耳聪目明的健全人上了桥便开始惧怕,一失足就跌下去了。

所以,人性的弱点并非总是弱点,在某些时刻,在某些场合,反而能够成为我们迈向成功的正确动力。有一位虚荣的职业女性是某国际咨询公司的董事,25岁的她就坐在了非常重要的位置上,引来不少艳羡。她说:"我很虚荣,我渴望自己有名望、有地位,能够受到众人的追捧,但是我不害怕虚荣,因为我没有因为虚荣而毁了自己,相反,通过虚荣,我找到了比别人更强的上进心。为了今日的地位和荣誉,我曾经下过人们难以想象的苦功。我流的汗水是我这个年龄段的人的几倍甚至几十倍。我的成功并非偶然,而是水到渠成。"

譬如恰到好处的虚荣心可以给你一颗永不服输的心,有些弱点,如果你无法改变,你不想改变,那就充分地利用它们,通过我们的努力,把它们转化成独一无二的优点吧,并以此为依托而走向独特的成功之路。

4. 成功就是战胜弱点的过程

"大多数人想改造这个世界,却极少有人想改造自己。"伟大睿智的列夫·托尔斯泰如是说。一次巨大的成功,有时会得益于人性弱点的一次超越,这种超越就源自于优良品性的培养和拙劣品性的扬弃。

超越弱点,掌控命运。人性的弱点虽然从小伴随着你,但也具有可塑性,并不是"江山易改,本性难易",只要你正确认识到自己的弱点,并用心去克服,你一定会成功的。

丘吉尔的演讲为世人折服，其演讲的措辞，语调和手势总是能透出非凡的勇气。在二战中最困难的时候，正是他每天的广播演讲才使英国神军民持着必胜的信心。

可是丘吉尔青年的时候特别害羞，一讲话就脸红，期期艾艾，唯唯诺诺。

当他确定自己的远大目标和抱负后，他决心彻底克服自己的弱点，之后每天对着镜子练习演讲，自演自看，每一个词语，每一个语调，每一个神态，他都反复思考，不停锤炼，同时在实践中不断地磨炼提高。

几年后，他便口若悬河。

伟人之所以伟大，正是因为他们发现了自身的弱点，并努力地克服了它。弱点是天生的，但却并非不可战胜的，只要你愿意战胜它，并且为之付出努力，让梦想开花，就一定会结出甜美的果实。

有一个小孩，相貌丑陋，说话口吃，而且因为疾病导致左脸局部麻痹，嘴角畸形，讲话时嘴巴总是歪向一边，还有一只耳朵什么都听不见，人们都认为这个孩子将碌碌无为，只能平庸地度过他悲惨的人生。

然而这个孩子并没有放弃自己。为了矫正自己的口吃，这孩子模仿古代一位有名的演说家，嘴里含着小石子讲话。看着嘴巴和舌头被石子磨烂的儿子，母亲心疼地抱着他，流着眼泪说："不要练了，妈妈一辈子陪着你，不会让任何人欺负你。"懂事的孩子替妈妈擦着眼泪说："妈妈，书上说，每一只漂亮的蝴蝶，都是自己冲破束缚它的茧之后才变成的。我要做一只美丽的蝴蝶，所以这点苦我必须吃。"

后来，他能流利地讲话了。因为他的勤奋和善良，他中学毕业时，不仅取得了优异成绩，还获得了良好的人缘。

1993 年 10 月，他参加全国总理大选。他的对手居心叵测地利用电视广告夸张他的脸部缺陷，然后写上这样的广告词："你要这样的人来当你的总理吗？"但是，这种极不道德的、带有人格侮辱的攻击招致大部分选民的愤怒和谴责。他的成长经历被人们知道后，赢得了选民极大的同情和尊敬。他说的“我要带领国家和人民成为一只美丽的蝴蝶”的竞选口号，使他以高票当选为总理，并在1997年再次获胜，连任总理，人们亲切地称他是“蝴蝶总理”。他就是加拿大第一位连任两届的总理让·克雷蒂安。

追求成功的过程就是一个坚强战胜软弱，克服自身惰性、缺陷，挑战自我，消除误区的过程，是一个不断与自己的弱点、盲点和缺点作斗争的过程。

我们大部分人都是平凡普通的人，生下来不是什么天才，也绝不是什么呆蠢愚笨，不可救药。但为何你的智力等各种条件并不比别人差，起跑线也差不多，而别人总是跑到你前边呢？究竟是什么阻挡了你前进的步伐，导致了你的失败与困境？静下心来思考，就会发现，其实是我们屈从了弱点。如果我们不向弱点屈服，而是挑战它、克服它、打败他，成功就不会总是属于别人。我们排除自身弱点的过程，就是积聚力量的过程，就是汲取成功智慧的过程，就是扭转乾坤的过程。

罗森沃德是美国最大的百货公司西尔斯·娄巴克公司的最大股东，他也是美国20世纪商界的风云人物。然而，这个做服装生意起家的富翁却也经历了许多创业时的失败与艰辛。

罗森沃德1862年出生在德国一个犹太人家庭，少年时随家人移居美国，定居在伊利诺伊州斯普林菲尔德市。

罗森沃德的家境不大好，为了维持生活，中学毕业后，他就到纽约的一家服装店当跑腿，做些杂工。罗森沃德从年幼时就受犹太人的教育影响，骨子里有一种艰苦奋斗的精神。他确信凡人都有出头之日，一个人只要选定目标，然后坚持不懈地往目标迈进，百折不挠，胜利一定会酬报有心人的。罗森沃德本着这种信念，十分卖力地赚了几百块钱。

“我要当一个服装老板。”这是罗森沃德最初的奋斗目标。为了实现这个目标，他除了在工作中留心学习和注意市场的动态外，把全部的业余时间用于学习商业知识，找有关的书刊阅读。到1884年，他自认为有些经验和小本金了，决定自己开设服装店。可是，他的商店门可罗雀，生意极不佳，经营了一年多，把多年辛苦积蓄的一点血汗钱全部亏光了，商店只好关门，罗森沃德垂头丧气地离开纽约，回伊利诺伊州去。

痛定思痛，罗森沃德反复思考自己失败的原因。最后，他找出了缘由：自己急于求成，根本没对人们对服装的需求做调查，服装是人们的生活必需品，但又是一种装饰品，它既要实用，又要新颖，这才能满足各种用户的需求。而自己经营的服装店，没有自己的特色，也没有任何新意，再加上自己的商店未建立起商誉，没有销售渠道，那是注定要失败的。

是"急于求成"的性格弱点、经商知识与经验不足导致了自己出师不利，罗森沃德决心改进，他毫不气馁继续学习和研究服装的经营方法。他一边到服装设计学校去学习，一边进行服装市场考察，特别是对世界各国时装进行专门研究。一年后，他对服装设计很有心得，对市场行情也看得较为清楚。于是，决定重整旗鼓，向朋友借来几百美元，先在芝加哥开设一间只有十多平方米的服装加工店，他的服装店除了展出他亲自设计的新款服饰图样外，还可以根据顾客的需求对已定型的服饰改进，甚至完全按顾客口述要求重新设计。因为他的服装设计款式多，新颖精美，再加其灵活经营，很快博得了客户的欣赏，生意十分兴旺。两年后，他把自己的服装加工店扩大了数十倍，改为服装公司，大批量生产各种时装。从此以后，他财源广进，声名日隆。

要想成功，就要战胜弱点，就要不断地学习和实践，并以之修正自己，提升自己。因为一个人只有具有高尚的内涵，才会有足够的智慧克服自身的弱点，一个人只有战胜了弱点，才能到达得更加广阔精彩的世界。而一旦跳出了弱点的禁锢，更加灿烂坦荡的前程也就出现在了你的眼前。

第二章　杜绝消极心态，乐观向上积极进取

心态是命运的“控制塔”，消极心态是失败、疾病与痛苦的源流，而积极的心态才是成功、健康、快乐的保证！心态决定成败！无论环境的好坏，你都要抱着积极的心态，莫让沮丧取代热忱，一个人的人生可以体现出很高的价值，也可以变得一无是处，随你怎么选择。选择了积极心态的人，他就会到达成功的彼岸，选择了消极心态的人，也就选择了遭遇失败。

1. 愤世嫉俗让你与美好人生绝缘

晓东大学毕业进入某企业工作已经三年，这三年他遇到很多问题。第一，他认为同事整天无所事事的很让他反感；第二，他非常看不惯单位的薪酬制度，他认为存在着非常严重的问题。为什么同样性质的工作，先进入单位的员工拿的钱比后来的人拿得多？如果那些人能力比后来的人强也就罢了，可有些老员工水平实在是很差，而后来的人却表现得相当突出，可前者的薪水却比后进去的人拿得要多很多。晓东很想不通，为什么薪水还要跟资历挂钩？

特别联想到自己做的工作是最多的，但是就因为他是年轻人所谓工作经验还不够，只能拿到很少的薪水。这让晓东觉得愤愤不平，尤其比较他身旁的很多同事，每天的工作就是聊天、看报纸，什么事情都推给他做。因此，每天想到这些，晓东一进办公室心情就不好。而在朋友圈子里，一些晓东认为不如他的朋友居然也比他工资高，这也让他非常不平衡。其实，夜深人静时晓东也会反省自己，是不是自己心理有些不平衡，过高地估计了自己，还是自己真的有心理问题？

像晓东这种个人，对自认为不合理的现实社会和不合理的习俗表示愤恨、憎恶的心态就是愤世嫉俗。愤世嫉俗的人往往觉得别人都是错误的，只有自己正确，而且对于与他人之间的社交活动显得不耐烦和排斥。人为什么会愤世嫉俗？并不是因为人类的劣根性让其厌恶，只是因为这个社会没有给他想要的，这一点晓东也不例外。因此，他的恨和怨必须找一个发泄的窗口，于是他看不惯同事，他排斥朋友。人为什么会痛苦烦恼？其实是对世上的很多现象和道理不明白，道理明白了，则心安理得。

心理医学表明，一个乐观的人因为常常使用正向思考的神经系统，神经系统经常分泌让细胞健康的神经化学物质，因此就不容易生病；一个悲观而愤世嫉俗的人，他的神经系统不但会让他老是使用负向思考的神经而变得愈来愈悲观，而且在每天愤愤不平的时候，神经系统又不断地分泌会让细胞凋亡的神经化学物质。所以，当人长期处于悲观而愤怒的状态时，可以说是在慢性自杀。一个乐观的人，因为看待周遭的事情总是以积极的态度，时常心存感激，对于不公或不平的事件，也都不放在心上或是认为上天会帮助……可想而知，他正向思考的神经系统被活化的几率就比较高，而负面思考的神经系统却会因为不常使用而退化了。相反，如果一个人都只看事情坏的一面，对待事物都是以挑剔、批判的态度面对，或是经常对环境感到怀疑、恐惧或不平，那么，他的负向思考的神经系统就会变得很发达。同时，时间久了要想激活他的正向思考的神经系统就相对的变得比较困难了。

可以说，过于愤世嫉俗是这个世界的灾难，不但让自己不痛快，而且让周围的人不痛快。比如，晓东看不惯周围的人和事物，而又没有能力去改变现状。不能改变现状的情况下，让自己更舒服的办法，就是改变自己去适应这个世界，然而他又不能改变自己，只有变着法儿给自己和别人找不痛快。

我们知道，破坏总比创造容易，批评总比建设容易，特立独行总比包容容易。一个有才华的愤世嫉俗者很容易让愤世嫉俗成为他的习惯。

因此，经常气鼓鼓的晓东要注意啦，过于愤世嫉俗也是一种心病，不及时扭转这种状况，将会危害我们的人生。

所以凡事不要过分计较。很多年轻人初入社会的时候，会对社会存在的复杂现象感到困惑和苦恼，由此产生愤世嫉俗的心理。其实这种心理是正常的，但是如果过度，就要警惕自己会不会心理失衡。

第一，对于这种心理，自我调节的关键是正视社会上的各种现象，以平常心去对待，因为它是客观存在的。

第二，要保持自己积极向上的心态。成功的处世生存，贵在修身养性，一切顺其自然，坦然面对人生。这个世界的确不公平，有些人一无所有，有些人却得到太多。我们无法改变现状，但是我们可以改变心情。微笑着生活，时刻保持一种积极向上的心态，让快乐伴你一 生，改变可以改变的，你会过得更好。如果你用心观察这个世界，一棵微绿的小草也可以让你的心充满了春意。你会发现，快乐其实并不难。

你不能决定自己生命的长度，但你可以扩展它的宽度；你不能改变天生的容貌，但你却可以时时展现笑容；你不能企望自己去控制别人，但你却可以好好地掌握自己；你不能全然预知明天，但你完全可以充分地利用今天；你不能要求事事顺利，但你却可以做到事事尽心尽力。在生活中，我们一定要让自己学会豁达宽容，因为只有豁达的人，才不至于钻入“死胡同”、“牛角尖”，才能乐观积极进取。同时，还要努力学会开朗幽默，因为只有开朗幽默的人才有可能把快乐带给别人，让生活中的气氛显得更加愉悦。

第三，要努力适应这个社会。首先，要学会归零。不管你以前在学校或别的行业是多么优秀，当你踏进一个全新的环境的时候，要把自己放平。比如，在你前面有两座山，一大一小，现在你站在小山的山顶上，你会想我要上大山的山顶，那么你现在该怎么去大山的山顶呢？直接飞过去还是先下小山，再登大山？显然，对于不会飞的人而言，后面的做法才是现实可行的。

还要懂得自我价值。要知道自己拥有什么，我们年轻人拥有旺盛的精力、青春、潜力、梦想、知识，还有自己对社会的一种希冀和无比的热忱……我们要用自己所拥有的去换取我们所需要的，比如，金钱、尊严、经验、快乐和幸福等。只有懂得自我的价值，你才可以换到你想要的东西。

当然还要遵循原则。小时候我们都玩过游戏，都知道玩游戏会有游戏规则，你不能犯规，你犯规了其他小朋友就不和你玩。进入社会 也是如此，它有它的规则，你一旦违反了规则，那么就不是简单的不带你玩了，你可能失去你所拥有的一切。做人，有些原则是必须坚持的，如涉及大是大非，涉及正义和良知，你必须得坚持原则。当然，生活中并不都是原则，更多的是大家对人对事的一些不同看法和做法。这些不同看法并不见得是水火不相容，很多分歧的出发点其实都是一样的，都想把事情做好，但是你有你的办法，我有我的道理。套句话说，大部分都是人民内部矛盾，而不是敌我矛盾。既然是内部矛盾，那么，妥协顺应以达成一致，远比互相指责各不相让最终把要做的事情荒废了要好得多。即使是别人的观点是错误的，在处理方式上也有很多讲究，并不一定非得去排斥。

第四,要学会换位思考。即站在对方的角度去思考,站在对方的角度去理解他的心情,站在对方的角度去说服对方。现实生活中,我们每个人都会遇到各种各样的问题,碰到各种各样的烦心事,有着各种各样的矛盾,这个时候不少人总是满腹牢骚。工作中也是如此,不顺心的时候,和同事有纷争的时候,往往会有一些过激的语言或行动。其实,如果我们站到对方的立场上想一想,常常会觉得大家都不容易,许多原本想不通的、觉得不尽如人意的,往往会豁然开朗,于是就会多几分理解,多几分尊重。换位思考,不是什么深奥的道理,就存在于我们的生活中。换位思考,不是仅仅对他人的要求,更需要从自我做起。自己少一分随意,别人就多一分轻松;自己少一分刻薄,别人就多一分宽容。学会了换位思考,我们就会发现:生活原本可以如此多彩,精神原本可以如此充实,世界原本可以如此美丽,社会原本可以如此和谐。

第五,要学会宽容与尊重别人。宽容与尊重别人是现代文明的象征,是一种自我修养和约束,是一种内省和反思。

总的说来,像晓东这样的人应该保持一个平常心态,制订一个目标,并朝着这个方向去努力。遇到自己过去的同学和朋友,当谈到事业、工资、经济条件、名誉地位时,如果对方比自己强,有时会产生嫉妒、自卑的情绪,但是你不妨这样想,每个人的成功除了自己的努力外,还受许多社会因素或机遇的制约,每个人的发展总是不平衡的。一个人的能力有大小,只要尽了自己所能,就是实现了自己的社会价值。至于社会回报多少,不必过于计较。眼睛不要总是盯住别人,去跟人家做无谓的横向比较。本来自己挺快乐的,何必要自寻烦恼,让自己的快乐在跟别人的比较中变成不快乐呢?

生活启示我们,不要动辄与那些俊男美女比相貌,与运气好的人比财富比成就,因为那样只会让自己情绪低落和愤愤不平。聪明的人应懂得欣赏自己,接受自己的一切,不为自己的平庸烦恼。确实,幸福的人并不比其他人拥有更多的幸福,而是因为他们对待生活和困难的态度不同,他们知足常乐,爱我所有,对生活心怀感激,把注意力集中在能令他们开心的事情上,更多地感受到生命中美好的一面,所以他们比谁都幸福。

2. 没有目标的生活只会浑浑噩噩

荷马史诗《奥德赛》中有一句至理名言:“没有比漫无目的地徘徊更令人无法忍受得了。”人必须有一个正确的方向。无论你多么意气风发,无论你是多么足智多谋,无论你花费了多大的心血,如果没有一个明确的方向,工作越来越忙碌我们也会越来越茫然,就会渐渐就丧失了斗志,随波逐流,浑浑噩噩,找不到生活的意义,就会走上弯路甚至不归路,枉费了自己的才智和付出,耽误了自己的年华。有这样一个真实的例子,说明一个人若看不到自己的目标,会有怎样的结果。

1952 年 7 月 4 日清晨,加利福尼亚海岸笼罩在浓雾中。在海岩以西 21 英里的卡塔林纳岛上,一个 34 岁的女人涉水进入太平洋中,开始向加州海岸游去。要是成功了,她就是第一个游过这个海峡的妇女。这名妇女叫费罗伦丝·棵德威克。在此之前,她是从英法两边海岸游过英吉利海峡的第一个妇女。

那天早晨,海水冻得她身体发麻,雾很大,她连护送她的船都几乎看不到。时间一个钟头一个钟头过去,千千万万人在电视上注视着她。有几次,鲨鱼靠近了她,被人开枪吓跑了,她仍然在游。在以往这类渡海游泳中她的最大问题不是疲劳,而是刺骨的水温。

15 个钟头之后,她被冰冷的海水冻得浑身发麻,她知道自己不能再游了,就叫人拉她上船。她的母亲和教练在另一条船上,他们告诉她海岸很近了,叫她不要放弃。但她朝加州海岸望去,除了浓雾什么也看不到。几十分钟之后——从她出发算起 15 个钟头零 55 分钟之后——人们把她们上了船。又过了几个钟头,她渐渐觉得暖和多了,这时却开始感到失败的打击。她不假思索地对记者说:“说实在的,我不是为自己找借口。如果当时我看见海岸,也许我能坚持下来。”人们拉她上船的地点,离加州海岸只有半英里!

后来她说，真正令她半途而废的不是疲劳，也不是寒冷，而是因为她在浓雾中看不到目标。查德威克小姐一生中就只有这一次没有坚持到底。2个月之后，她成功地游过了同一个海峡。她不但是第一位游过卡塔林纳海峡的女性，而且比男子的纪录还快了大约两个钟头。

查德威克虽然是个游泳好手，但也需要看见目标，才能鼓足干劲完成她有能力完成的任务。因此，当我们规划自己的成功时，千万别低估了制定可测目标的重要性。

有无目标是成功者与平庸者的分水岭用简单的数学知识来说，两点之间，直线最短。假设以相同的速度行进，如果一个人看到明确的目标，他就会努力以直线前进，而很快的到达他的目的地；而如果一个人没有看到目标，他就会漫无目的，曲折前行，而且最终可能发现，自己又回到了起点，或经过多年的辛勤努力后，却两手空空，一无所获。一个人无论他多大年龄，他真正的人生之旅，是从设定目标那一天开始的，以前的日子，只不过是在绕圈子而已。

目标，像分水岭一样，轻而易举地把资质相似的人们分成为少数的精英和多数的平庸之辈。前者主宰了自己的命运，后者随波逐流，枉度一生。当一个人下定决心之后，往往没什么能阻止他达到目标。一旦有了成功的渴求，就会产生强烈的使命感与责任感并为之拼搏。西方有句谚语："你想要的尽管拿去，只要付出相应的代价就行。"有位哲人说："决心攀登高峰的人，总能找到道路。"强烈的动机可以驱使人超越诸多困境，无需扬鞭自奋蹄。如果你至今仍不清楚自己希望达到怎样的人生高度，那么请把你的目标写下来，矢志不渝地向着心中的目标拼搏进取，如此，你就会敏锐地捕捉到成功的契机，顺利抵达理想的境地。

只有我们给自己的人生设定了目标，我们内心深处那个勇敢、坚定、执著、不畏艰险的"我"才会走出来，我们才能最大程度地激发自己的潜能，更好地迎接人生路上的各种挑战。所以，我们要敢于梦想，敢于设定富有挑战性的目标，这样，我们的潜能才能最大程度的激发出来，才更加容易在未来的职场上获得成功。

3. 缺乏恒心万事难成

惠顿大学的校长常讲一句话："我们往往停止得太早。"的确，多少人在多少事上停止得太早而前功尽弃。司布真也说过一句很有意思的话，他说："蜗牛凭着坚持，终于到达了方舟。"这是千古不移的至理名言。凡事不怕慢，只怕没有坚持到底的力量。

我们都知道恒心是从创始到成功的必备条件；没有恒心，必然半途而废，一事无成。

在好多年前，当时有人正要将一块木板钉在树上当搁板，贾金斯便走过去管闲事，说要帮他一把。

他说："你应该先把木板头子锯掉再钉上去。"于是，他找来锯子之后，没锯两下就撒手了，说要把锯子磨快些。

于是他又去找锉刀。接着又发现必须先在锉刀上安一个顺手的手柄。于是，他又去灌木丛中寻找小树，可砍树又得先磨快斧头。

磨快斧头需将磨石固定好，这又免不了要制作支撑磨石的木条。制作木条少不了木匠用的长凳，可这没有一套齐全的工具是不行的。于是，贾金斯到村里去找他所需要的工具，然而这一走，就再也不见回来了。

贾金斯无论学什么都是半途而废。他曾经废寝忘食地攻读法语，但要真正掌握法语，必须首先对古法语有透彻的了解，而没有对拉丁语的全面掌握和理解，要想学好古法语是绝不可能的。贾金斯进而发现，掌握拉丁语的唯一途径是学习梵文，因此便一头扑进梵文的学习之中，可这就更加旷日废时了。

贾金斯从未获得过什么学位，他所受过的教育也始终没有用武之地。但他的先辈为他留下了一些本钱。他拿出十万美元投资办一家煤气厂，可是煤气所需的煤炭价钱昂贵，这使他大为亏本。于是，他以九万美元的售价把煤气厂转让出去，开办起煤矿来。可这又不走运，因为采矿机械的耗资大得吓人。因此，贾金斯把在矿里拥有的股份变卖成八万美元，转入了煤矿机器制造业。从那以后，他便像一个内行的滑冰者，在有关的各种工业部门中滑进滑出，没完没了。

他恋爱过好几次，虽然每一次都毫无结果。他对一位姑娘一见钟情，十分坦率地向她表露了心迹。为使自己匹配得上她，他开始在精神品德方面陶冶自己。他去一所星期日学校上了一个半月的课，但不久便自动逃掉了。两年后，当他认为问心无愧、无妨启齿求婚之日，那位姑娘早已嫁人。

不久他又如痴如醉地爱上了一位迷人的、有五个妹妹的姑娘。可是，当他上姑娘家时，却喜欢上了二妹。不久又迷上了更小的妹妹。到最后一个也没谈成功。

在目标面前缺乏恒心、来回摇摆的人永远都不可能成功。贾金斯的情形每况愈下，越来越穷。他卖掉了最后一项营生的最后一份股份后，便用这笔钱买了一份逐年支取的终生年金，可是这样一来，支取的金额将会逐年减少，因此他要是活的时间长了，早晚得挨饿。

如贾金斯类的人，会空想、有所行动但不会坚持的人，最终只是耗费了时间和生命，而所想要的和结果是南辕北辙。最终只剩下感叹而已。一分耕耘一分收获，目标的实现过程需要恒心，三心二意的人是不可能成功的，唯有踏踏实实、一步一个脚印，才能达到理想的彼岸。

爱迪生六十七岁时实验室大火，烧毁两百万元设备，他说："这把火烧掉一切错误，我要继续研究下去。"三周后发明了留声机。

当哥伦布初次航行大西洋探寻印度时，每天在他私人航海日记上记下一句话："今天我们继续航行。"当时他正在极度绝望的情况中，他们共有三艘船，其中有一艘已失了舵，船上的水手已萌起叛乱之心……但他却能坚持其信心，写下"今天我们继续航行"。这是多么伟大的信心与决心！今天的我们任何一个人也该有这种决心，不管在任何艰困的环境中，仍有"今天继续航行"的信心，永不灰心，绝不气馁的走完人生旅程，因为那忍耐到底的必然成功。

探险家朗森在北极迷途，由于计算方位错误，他和同行的给养耗尽，最后不得不宰杀他们的狗充饥，同行的人都奄奄一息中坐以待毙。朗森却告诉他的同行说："我要迈出最后的一步。"于是他在严酷的雪风中一步步勇往向前，突然看到了迎面而来的一支美国远征队，正是来寻找他们的。瑞德巴斯博士评论此事说，当我们迈开最后特别一步时，并不知神究将如何，这也是许多人祷告时见一无响应就灰心绝望，乃至放弃祷告的写照；这也等于是以色列人当年围绕耶利哥城时，竟在第十二圈时停止下来，那岂不是前功尽弃吗？

谭墨兰是一位英勇的君王，常喜欢向朋友们叙说他的早年轶事。他说："我有一次，被仇敌追逼，不得已藏匿在一所破屋中。我在那里独自枯坐了几个钟头。那时万念俱灰，再也没有志气和勇敢去干前面的事业了。在绝望中，我看见一只小小的蚂蚁，背着一粒比它大有数倍的谷，沿着墙壁尽力向上拖走。它跌下来多次，但是每一次它仍旧努力向上。我曾数过它跌下来了六十九次，可是它并不灰心气馁。第七十次，它到达了高墙顶上。由此我得着启发，兴奋；使我终身不能遗忘这个教训。"

社会上想改变自己处境的人很多，也有很多人将这种改变处境的欲望具体化为一个个目标，但是，在残酷的环境和巨大的困难面前，很少有人能够坚持下来。结果，这些人的欲望也仅仅是欲望而已。荀况说："锲而舍之，朽木不折；锲而不舍，金石可镂。"要改变命运，就必须要有坚持的力量，虽然忍耐和坚持是痛苦的事情，但却能渐渐地引领你走向终极成功的目的地。

4. 心存侥幸更要当心突发灾难

有这么一则笑话，讲的是一个人接到一条信息，信息上写着"只要往某个户头汇 100 元，那么就会得到轻易赚取 1000 元的秘诀"，这人想反正就100元，不是大数目，以一搏十值的，他就把钱汇了过去，接着他就又收到一条短信写道："学我一样骗十个你这样的傻瓜，那不就有1000元了吗？"

这则笑话虽然有那么点夸张，但在现实生活中还是确实存在的，追其根源还是人们普遍存在着侥幸心理。侥幸心理，就是无视事物本身的性质，违背事物发展的本质规律，违反那些为了维护事物发展而制定的规则，想根据自己的需要或者好恶来行事就能使事物按着自己的愿望发展，直至取得自己希望的结果。侥幸心理就是妄图通过偶然的原因去取得成功或避免灾害，成了许许多多失败、丑陋、悲惨生活的罪魁祸首。看看我们现实的社会，侥幸心理给我们带来了多大的危害。

朋友酒后驾车，结果出了车祸。车子撞得一塌糊涂，好在人并无大碍。回来信誓旦旦，从此不再酒后驾车。可是不久就将誓言忘得一干二净。问他不怕再出事？朋友笑笑说，不会这么巧吧？……只要多加注意，只要不超速，只要不违章，应该不会有问题。

还有一位朋友，积劳成疾，英年早逝。圈子里的朋友们谈及此事，一个个长吁短叹，一边为逝者痛心疾首，一边发誓要从此爱惜自己的身体。可是三五天过去后，似乎所有人都将自己的誓言彻底忘掉。照样不吃早饭，照样烟酒无度，照样熬夜，照样不注意锻炼……这位朋友的想法是：这种生活习惯的人太多了，不幸的事不会偏偏落到我的头上吧？

在某小区里，一个安装太阳能热水器的工作人员从楼顶坠楼身亡。事故发生的原因是，坠亡者没有采取任何安全保护措施，就连最简单的保险绳也没有拴。同一天，当地晚报又报道了一名五旬妇女擦玻璃时，从12楼坠地身亡的新闻。据悉，该女子身旁还有一扇纱窗。两起死亡事件的发生，看起来没有任何联系，但仔细分析就会发现，对安全的忽视是其发生的原因，而根源就在于死者的侥幸心理。

还有那些骗子，那些窃贼，那些贪官污吏，那些做尽坏事的人，其实，他们也深知自己所做的事情的严重后果。但当他们听到同行被绳之于法,心中或许也会产生放弃继续犯罪的念头,可是为什么还要继续做下去?不是他们不怕,只因为他们心存侥幸。他们认为这样的事情不会偏偏落到自己头上,于是一次一次,一点一点,一步一步,越陷越深。

事实上,我们每一个人都在心存侥幸地生活。我常常想,这个世界上,人们具备的唯一的共同性格是什么呢?或许就是"心存侥幸"。

但是,无疑很多本应该避免的事端,很多不应该发生灾难,恰恰就是由于我们的"心存侥幸"。一句话就能说明白:你比那些不幸者高明到哪里?既然你心存侥幸,那你又有什么资格逃离不幸?——不会这么巧吧?所有不幸或者灾难的序幕就是心存侥幸。

心存侥幸,同样存在于我们工作生产中,那些违章违纪员工的心里。很多的安全事故和工作失误都是由于一些不自觉的习惯所造成的。"我这样做从来就没出过错,虽然不是很规范很正确,但一直以来我就是这样做的"、"这样顺手,我已经习惯了,一直很安全"、"偷偷懒没关系,反正又没人会看见"、"这点小错误,很多人都犯的。""吃点小回扣,没人会发现的,再说,大家都这样"。在工作生产中有很多员工会有这些想法。殊不知,正是这些致命的侥幸心理导致了悲剧的发生,不是断送了自己的前程,就是断送了企业的前程,甚至会断送自己一生的幸福、名誉和性命。

特别是在安全生产中,更需要我们杜绝侥幸心理。在我们每天的工作过程中,每时每刻都会发生某一操作行为,而在这些操作行为进行的过程中,安全的操作意识和行为是保障我们生命和身体健康的守护天使。那么如何使守护天使更好保护我们的生命和身体健康呢?那就是让安全的操作意识和行为成为我们工作中的一种习惯,在工作中时刻规范自己的行为。违章操作往往是造成事故的罪魁祸首。有些员工工作时由于疏忽或者是抱着侥幸的心理,置安全操作规程于不顾,往往给安全生产带来隐患。

事故对人的伤害是巨大的,安全事故报告是用前人的血泪换来的,而我们中的有些人对曾经出现的安全事故仍然视而不见,作业时依然我行我素,有章不循,有令不止,图方便省事,把安全抛置脑后,这就是事故屡禁不止的原因。

我们是企业中的一员，我们辛勤劳动换取丰厚报酬的同时，更要注意安全，我们都有幸福的家庭，有父母、爱人、孩子，为了这一切，更为了我们自己的生命与健康，为了不断送了自己的前途，在安全生产工作中决不能存有侥幸心理。

在工作和生活中，当你感觉不对的事情要特别小心，千万不要麻痹大意，更不要铤而走险，这样的悲剧重复得太多了。无论是做家务，还是在生产、工作中，要做好一切准备，将事故隐患消灭在萌芽状态中。这是我们最想得到的结果。毕竟生命只有一次，生命高于一切！保护自己和朋友家人的生命，是一个人应尽的责任。

有句谚语说得好："多走夜路必遇鬼。"所以还是奉劝那些心存侥幸，得过且过的朋友们：不要总是心存侥幸，还是脚踏实地地做好自己吧！用心踏实地过好充实的每一天，比像"老鼠过街"般畏缩地活着好几十几百倍，这样更能让你活得个性，活得出色，活得精彩！

5. 固执己见让你一错再错

我们的生活丰富多彩，我们的世界纷繁复杂，所以我们的烦恼会更多，压力会更大。我们经常会遇到这样的情况：朋友约好下午和你谈公事，你如约而至，朋友先是问好，问你是否工作顺利。注意！朋友便从此句开始如决堤的洪水滔滔不绝了。你会听到抱怨身边的不平，生活的不公，以及人生的不幸；抱怨别人的不该和自己的点儿背……这时你心中连连叫苦，完了，这个下午算泡汤了。

人们心中的积怨很多，但归根结底，都是由于人们的固执己见造成的。不要说自己受过教育、素质高、对人很宽厚，那只是片面的表象，实际上每个人都会有固执的一面，而且一旦固执起来会很难改变。可你怎样知道自己的固执呢？不妨对照下面的问题来一次对固执己见的诊断。

1. 你总是不停地抱怨。从早上一睁眼，你便在怨恨黑夜太短，面对镜中惺忪的睡眼，你不得不用冷水洗面。不足的睡眠让细细的"毛虫"不知不觉中爬上你的脸，让你恐惧得就快与青春无缘。该死的工作，该死的作息时间，该死的经理，该死的报酬不太可观。走出家门，迎来该死的空气不新鲜。卖早点的在哪里，为何交通这样烦……想想我们整日在抱怨中工作，不知心里该有多难过。

2.你已经完全丧失了幽默感。与同事在工作中发生了矛盾，老刘坚持认为自己正确，一个上午都在为此恼火。午休时间到了，老刘打了一份猪排一个人闷闷地吃。小张眯着笑眼端着饭盆儿凑过来，“嗨，一个人吃独食?”未等小张再开口，老刘劈头一句“滚”，小张便悻悻地走开了。开玩笑都不懂，生活中没有了喘息的机会。所以当自己由于情绪的不好而随便发脾气，完全丧失了幽默感时，你就该注意了，是你的固执在作怪。

3.对你说来，似乎每个人都固执。乍一听来这句话似乎不可思议，每一个人的固执怎么会同时面对自己，但往往事实就是这样，让你在不知不觉中不知道怎样面对别人，面对自己。实际上这又是你心中的固执在作怪，当你的思想有了改变，你感受到的一切外部事件都会随着你的改变而改变。很自然的，当你不能完全接受别人的意见时，你就会开始固执己见，听不进可吸纳的意见，不能正视事情的本源，你会认为别人都在针对你而固执己见。这时你就失去了解决问题的方法与机会。

4.你很难让他人来与你合作。很多工作的顺利完成都要归功于群体的合作，群体的力量是不可忽视的。不论与你合作的人在你的眼里有多么差劲，你都不能轻视他工作的能力。细分起来没有什么事情是一个人能够独立完成的，尊重每一个人，不要轻视每个人的能力，因为每个人都会在他所在的位置起到你不可替代的作用。

5.每一项任务都要付出极大的努力才能完成。做好任何事都不容易，但不要把任何事都想得过于困难，其实很多事做起来会很顺利，不会像你想象的那样有很多阻力。

6.没有什么事能够使你满意。你是一个完美主义者，没有什么能够让你十分满意，你的代名词就是“可以”、“还行”、“不太满意”，你会认为你的标准最完美。可你别忘了，有句老话这样讲:站得高摔得重。到头来受伤害的总是自己。

7. 快乐与热心的人让你心烦。我们周围总有一些热心人士，整天乐呵呵地嘘寒问暖，看别人是否有困难需要自己帮忙。这些人看起来让你有点烦，你冷漠、自信，有能力面对生活，面对事业，知道什么时候可放可收，不需要别人的关怀。可别忘了，你再八面玲珑，再滴水不漏，也有不行的一面，因为你普通，你有脆弱的一面。

8. 你处心积虑地要防止别人参与你正在干的事情。这一点唯一的根源就是没有信任感。不相信别人的能力，盲目追求个人的成就感。如果你克服了上面的第 4 点，这一点也就很好解决了。不要怕别人会坏了你的事情，没人保证会不出差错，不论结果如何，别人的思路总会有好的一面让你借鉴。

9. 人们不告诉你重要的信息，你便感到自己被排除在外。有一天你会感到别人在秘密交谈，你侧面问起，别人都在含糊不谈，好像这事与你无关。把心放宽些，也许不关你的事，知道了兴许有负担。即使有关自己，让别人说去吧，我就是我，成为焦点不容易。

固执是一种病，一种心理的疾病，一个人的健康不光是身体的健康，更重要的是心理没病。如果以上 9 点有与你相符之处，最好的办法学会放弃，放弃固执己见解脱自己。

现实中有很多人极为固执，不肯改变看法，要是遇到了这样不肯轻易改变自己想法的人，那是一件比较头痛的事情。很多时候，一个人即便是知道自己的看法不对，也不会立即接受你的看法。

一个固执己见的人，需要这样改变自己。那就是哲学家威廉·詹姆斯的忠告："要乐于承认事情就是如此。能够接受发生的事实，就是能克服随之而来的任何不幸的第一步。"也就是说，新的事物既然发生了，我们就应该把它当做一种不可避免的情况接受，并适应它，否则，我们将会被它毁掉。

成功学大师卡耐基给他的学员讲了一个关于他自己亲身经历的故事，有很大的启发性。

卡耐基住在纽约的地理中心点上，从他家步行一分钟，就可到达一片

森林。当春天来临的时候，草丛中的野花一片艳丽，松鼠在林间筑巢育子，马草长到高过马头。这块没有被破坏的林地，属于森林公司。他常常带雷斯到公园散步，雷斯是他的小波士顿斗牛犬。它是一只友善而不伤人的小猎狗；因为他们在公园里很少碰到人，卡耐基常常不替雷斯系狗链或戴口罩。有一天，他们在公园遇见一位骑马的警察，那警察好像迫不及待要表现出他的权威。

"你为什么让你的狗跑来跑去，不给它系上链子或戴上口罩，"他训斥我，"难道你不知道这是违法的吗？"

"是的，我知道，"卡耐基轻柔地回答，"不过我认为它不至于在这儿咬人。"

"你不认为！你不认为！法律是不管你怎么认为的。它可能在这里咬死松鼠或咬伤小孩。这次我不追究，但假如下回让我看到这只狗没有系上链子或套上口罩在公园的话，你就必须跟法官解释啦！"

卡耐基客客气气地答应遵办。

他的确照办了，可是雷斯不喜欢戴口罩，因此，他们决定碰碰运气。事情开始很顺利，但是，一天下午，雷斯和他在一座小山坡上赛跑，突然间——很不幸地——他们又遇到那位跨在一匹红棕色的马上的警察。

而那只小狗却傻乎乎地冲他疯跑了过去。

卡耐基知道自己已经骑虎难下，所以没等警察开口就抢在前面说："警官，这次您当场抓住了我。我知道错在哪儿，也不准备找任何借口为自己辩解。你上周已经警告过我，而现在这只狗又在这里疯跑了，您惩罚我吧。"

"现在嘛……"警察的声调并不严厉，"我知道在没人的情况下自由奔跑对这样一只小狗来说的确很有诱惑力。"

"是很有诱惑力。"卡耐基答道，"但这么做违反了法律。"

"这样一只小狗是不会伤害任何人的。"警察反驳他说。

"不，它会伤害松鼠的。"卡耐基说。

"我想你过于担忧了，"警察说，"我告诉你怎么做吧，只要让它在山那边我看不到的地方活动就可以了——忘了刚才的事吧。"

从人性的角度来看，这位警察希望得到尊重。所以当卡耐基开始埋怨自己的时候，那警察保持权威的唯一方法就是大度地宽恕。

当卡耐基改变了自己固执的看法，站在对方的角度看待问题时，事情矛盾的处理也变得温和顺利了许多。

叔本华也说："能够顺从，就是你在踏上人生旅途中最重要的一件事。"我们不可能改变那些不可避免的事实，但是我们可以改变自己。

首先，放弃你一直坚持的意见与观点。无论什么事，如果在你前进的道路上走得很艰难，不妨自检一下自己一直以来坚持的意见和观点。试着放弃它们，俗话说，退一步海阔天空嘛，如有差错还会有弥补的机会，重新回头也会有更大的动力。

其次，弄弄清楚为坚持你的立场而使你付出了什么样的代价。想想事实上的迂回战术吧，什么事情都不要硬对硬地交锋。即使你以强硬取得了胜利，退下阵来也会感知遍体鳞伤的伤害。任何矛盾都是人制造出来的，有伟人断言与人打交道是最麻烦的事。此种状况，以退为进不是更好。

再则，确定你的回报是否值得你为坚持自己的立场而付出的代价。记得在一部电影中获得的一个启示：

一个男孩借给了同学 20 美金，此后他的同学一见到他就跑，边跑边说"抱歉，今天不行，过两天我就还你"。每次都是这样，一直拖了很久，弄得这个男孩很恼火。于是他把这件事告诉了一直照顾他的老大。老大问他，那个同学有能力偿还吗，他说没有。老大又问他那个同学是你的朋友吗，他说那个同学很讨厌，他不喜欢。之后，老大告诉他：首先错误在你，你不该把钱借给你不了解的人。其次，错误仍然在你，你考虑问题的思路不对，你用这 20 块钱就能永远摆脱这个你不喜欢的人，难道不值吗。

固执是每个人都会有的，有时是别人的错误，不妨去心甘情愿地与他人沟通，尝试着从另一个角度来看问题；有时是我们的错误，由于想推卸责任而去指责别人，那么，你应该道歉；工作中，承诺去理解并尊重对方的工作模式，在此基础上，方能共同创建新的合作关系，方能让工作之路坦坦荡荡。

6. 别让自卑懦弱毁了你

自卑的人总感觉处处不如别人，自己看不起自己，“我不行”、“我没希望”、“我会失败”等话总是挂在嘴边。自卑的人往往自尊心极强，自卑与自尊经常会发生冲突，这种冲突会造成极其浮躁的心理。谁都曾有过自卑的念头，但千万不要让这种危险的念头主宰了你，你要相信，你会战胜自卑的。

1951年，英国人弗兰克林从自己拍得极为清晰的DNA（脱氧核酸）的X射线衍射照片上，发现了DNA的螺旋结构，就此还举行了一次报告会。然而弗兰克林生性自卑多疑，总是怀疑自己论点的可靠性，后来竟然放弃了自己先前的假说。可是就在两年之后，霍森和克里克也从照片上发现了DNA分子结构，提出了DNA的双螺旋结构的假说。这一假说的提出标志着生物时代的开端，因此而获得1962年度的诺贝尔医学奖。假如弗兰克林是个积极自信的人，坚信自己的假说，并继续进行深入研究，那么这一伟大的发现将永远记载在他的英名之下。

还有在上世纪六七十年代中国乒坛上有过一颗新星，叫韩玉珍。她刻苦训练，曾获得过“练不倒的韩玉珍，打不垮的铜墙铁壁”的盛誉。她曾两度逼近世界冠军的巅峰，又两次垮了下来。第一次，因赛前过于紧张临阵脱逃，用小刀刺破自己的手，却谎称有袭击破坏。第二次则在她已经领先两局的情况下，仅仅因为对手追上几分，心慌手软，败下阵来，她越怕越输，越输越怕，终于又抑制不住，谎称阑尾炎，腹部剧痛，想躲过比赛。这两件事成了国际乒坛丑闻。

自卑会导致失败，这是显而易见的。那么，自卑究竟是什么呢？

中国幸福学认为，人的本性是不满足。自卑就是自己或者我们的事物不及别人的事物好的不满足感 。

自卑是一种不自信的表现，是由自我要求过高而引起的普遍心理。虽然造成人类自卑心理的原因有许多种，但不管是那种原因，也不管是因何而自卑，所有的自卑都有一个共同的前提条件，就是自我要求过高。人只有在自我要求过高，高过自己的实际时才能产生自卑心理。如果自我要求不高，与自己的实际相吻合；或自我要求过低，低于自己的实际时，是不会产生自卑心理的。

比如，如果你自我要求是月薪两千元，而你实际一个月只赚一千元时，你就会感到自卑，为自己所赚钱的数量和自己赚钱的能力自卑。相反，如果你自我要求是月薪五百元，你就不会感到自卑了，甚至还会因此而感到骄傲和自豪。同样是赚一千元，为何前者自卑而后者不自卑呢？区别就在于前者自我要求高，后者自我要求低。

人天生都喜欢有自豪感，而不喜欢有自卑感，自豪感就是我或者我们的事物比别人的事物好的满足感。所以不满足是人的本性。德国哲学家黑格尔说："自卑往往伴随着懈怠。"

自卑，会消磨一个人的雄心、意志，使他自暴自弃、悲观泄气，恐怕不会有什么好作用。作为新员工，生活、事业都还刚刚起步，征途还很漫长，即便起步时迟缓了一些，或走了点弯路，成绩一时不如人，也远不足以决定一个人的一生，所以根本不必自卑。好比一个优秀的长跑运动员，刚起跑时，比别人慢了一些，并不要紧，只要他攒足劲，加加油，照样可以赶上、超过前面的人，甚至可能拿金牌。自然，看到许多同龄人和前辈比自己强，毕竟是一件令人惭愧的事。冷静地反思一下造成自己落后的原因是必要的。

自卑，可以说是一种性格上的缺陷。表现为对自己的能力、品质评价过低，同时可伴有 一些特殊的情绪体现，诸如害羞、不安、内疚、忧郁、失望等。严重的会导致自残、自杀等后果。

经常遭受失败和挫折，是产生自卑心理的根本原因。一个人经常遭到失败和挫折，其自信心就会日益减弱，自卑感就会日益严重。自卑的产生会抹杀掉一个人的自信心，本来有足够的能力去完成学业或工作任务，却因怀疑自己而失败，显得处处不行，处处不如别人。由于自卑的情绪影响到了生活和工作，所以给人的心理、生活带来的不良影响亦很大。

每个人由于气质、文化素养及生活环境的不同，脾气、性格都不尽一致。但无论哪种人，自卑都是不正常的心理活动，应及时清除掉。

1. 化不利为有利

自卑感既会使人羞怯退缩，也能使人奋发进取。某种意义上，自卑感是走向成功的踏板。发现它，承认它的存在，并设法弥补它，从而达到人生的目标。

2. 系列摆脱法

若是自己不能胜任的事，不要立即强制去做，而是先从较容易处入手、获得自信后，再做较为复杂的事，以便一步一步地实现目标。这叫做系列摆脱法。

3. 共鸣性理解

对怀有自卑感的人，应摆脱孤立无援、独自苦恼的状态，将自己的困惑向周围人诉说，帮助分忧解愁，体谅、理解其苦恼心情，争取周围人及家属的"共鸣性理解"，对消除自卑感具有良好作用。

4. 行为矫正法

要针对自己的弱点制订一个逐步训练的计划，并坚持不懈地执行。如争取在集会上发言，主动接触陌生人；可以预先拟就话题，演练对话，提高语言技巧及社交手段。也可观察一下周围的人，发觉别人也不像自己所认为的那样十全十美，对自己又并无歧视之意，也就不再"自惭形秽"了。

5. 集体心理治疗

对于自卑感的克服，一般心理治疗中的说理开导、分析评价、讲授对策、鼓励劝慰等，都是用得上的。心理治疗时还可以把有同样经历的人组织成集体小组，相互慰藉，共同探讨，鼓励进取，消除自卑。对个人单独难以克服的自卑者，参加这类有组织的自助小组，开展自救心理治疗会有更多裨益。

伴同心理障碍的治疗若有明显的焦虑、抑郁、失眠及自主神经功能失调，当求医辅用适当药物同时治疗。当自卑感伴同神经衰弱、抑郁症、心身疾病等时，最好短期住院治疗。

6.加强自我修养

自卑，来自对自己的不信任，怀疑自己的能力。只要自己真的有才能，就不会害怕别人笑话，自然不会自卑。

总之，我们要在工作生活中增强信心，还要正确认识自我，并选择更适合自己的途径发挥自己的长处，多多发掘自己的优点，那么自卑的心理也就没有立足之地了。一个人只有超越自卑，才会有自信，才能扬起生命前进的风帆。

7.贪慕虚荣等于浪费财富

贪慕虚荣是人类最普遍的弱点之一，每个人都很容易染上虚荣的毛病。

当你看到那些名车、珠宝、名牌衣服时，你的心也会为之怦然心动。其实在你内心深处，也许那些奢侈品带给你的视觉和使用享受，远不如你带上它让别人觉得你是个有地位的人那样愉快。你的虚荣心不过如此，你看到有钱人的穿戴，所以你也希望和他们一样，穿同样品牌的衣服，开同样级别的车，这样会让你感到无比的快乐。你热衷于时髦服装，对西方的流行货万分倾倒，对名牌津津乐道；你喜欢和别人谈论电影、名著和艺术，但其实你知道的并不多，但你就是为了得到别人的赞许；你喜欢表现自己，尤其想在大庭广众面前露一手，因为这会引起大家对你的重视；你每月只有3000元的收入，不过你最近还是买了一个万元左右的LV包；你的爱人让你觉得与你很不般配，于是你不愿意带着爱人参加集体活动，你怕别人怀疑你的品味；经常停留在商店橱窗前，悄悄欣赏自己的身影，欣赏自己照片已成为生活的一部分；你今天在与同事朋友的谈论中，常常

强词夺理、文过饰非；你这两天头脑一热又请朋友吃饭，花费不少，可是你感到后悔；你这两天因为朋友的衣物或手表比你名贵一些，你感到很有压力，甚至不愿与这位朋友一起吃饭……

看到了吧，你活着简直就像为了吸引别人的注意，得到别人的称赞，你活着渐渐失去了自己。当别人用羡慕的眼光看着你的时候，你会更加感到开心；每当你的行头又有了新花样的时候，你第一时间跑到别人面前展示；也许你并不富裕，但是你省吃俭用购买那些“提升”你地位的奢侈品；你还不时展示你的才华，博得别人的赞许……在外人看来，虚荣心让你生活在表演之中，你渐渐失去了你自己，你表现得就像个小丑，可能你已经习惯了，但是你也深知虚荣的危害有多么巨大。

虚荣心，说到底就是一个“面子”问题，为了面子，很多人不惜丧失了自我。《项链》中的罗瓦赛尔夫人，出生在并不富有的家庭中，因为一次晚宴，弄丢了借来的钻石项链，花了十年的时间来赔偿债务，可是最后那条项链却是假的，多么的讽刺，我想这正是作者想要告诉我们的，为了面子是要付出代价的。

然而在我们生活中，比如政府要求我们的官员，要全心全意为人民服务。可是有的官员却没有做到，他们用着自己的权威，以为自己是冠冕堂皇高人一等的官，是官就要高待遇高享受，所以他们为了名利贪赃枉法、公款高消费、行贿受贿，最终落入法网。在虚荣心面前低头的还有许许多多的人，说到底，也不过是为了名利和面子。

好的面子不是装出来，而是用实干赢得的，在很多时候，我们总要先放下面子，才能赢得面子，尤其对于基层的员工，收入不高，地位不高，成果也不多，就不要打肿脸充胖子了，不如先放下面子，踏踏实实地工作，用成绩去证明自己，用奉献来装点门面。

洛克是耶鲁大学毕业生，他毕业之时正好赶上美国经济萧条。此时，大批的大学毕业生都为找不到工作而发愁，就连洛克这样在以前备受社会欢迎的经济管理专业的毕业生也大量过剩。为了生计，洛克决定和几位普通院校的毕业生一起去一家小出租车公司应聘做出租车司机，而且还邀请大学同班同学一起去那里应聘。但是他的这种想法却遭到了同学们的耻笑:我们可是耶鲁大学的毕业生,怎么可能去做出租车司机呢?简直太没面子了。最后班里的同学仅有洛克一人做了出租车司机,其他人还在寻找“有面子”的工作。

洛克因为懂经营管理,他的出租车生意格外好。没过多久,出租车公司经理看中他的经营才能,把他调到身边做了自己的助理。几年后,经理岁数大了,想退休,但子女没有人愿意经营他的只有十几辆车的小公司,经理便找到洛克,以极低的价格把公司转让给了洛克。

洛克有了自己的公司,便更积极地发挥他的才能。又过了几年,他已拥有一千多辆各类汽车和两家子公司,资产达到了上亿美元,而他的那些同学大部分还只是普通的白领。

洛克在对谈起自己的成功经历时说,在找工作或创立自己的事业时,许多人第一个考虑的并不是这个职业或行业能不能赚钱,能不能会给自己带来新的机会,而是考虑眼前做这个工作是不是很丢人。诚然,在这个社会中,有些工作表面上看去的确很普通,然而工作是没有贵贱之分的,任何一项工作都可能潜藏着机会,只要你努力,并且一直坚持下去,生活就永远会充满希望,机会的大门也会永远为你打开。

正如洛克所说:对于每一个想成功、想生存的人来讲,没有比要面子更卑贱的,因为那样就等于在埋葬自己的前进机会。所以我们无论对待工作还是创业,都应该丢掉包袱,放下面子,才能得到“面包”。

那么,我们如何杜绝虚荣心呢?

方法一:区分自尊和虚荣。虚荣心是自尊心的过分表现,是为了取得荣誉和引起普遍注意而表现出来的一种不正常的社会情感。收起你为数不多的昂贵衣服,在朋友或同事面前保持你的自尊而不是炫耀。你一开始极不适应,一定时间后,你就能分清自尊和虚荣的差别了。

方法二:不为别人而活。虚荣的你是在为他人而活,而丧失了自我。过分重视他人对自己的评价。一旦他人对自己给予肯定,积极的评价,便精神振奋,干劲十足。一旦他人对自己给予否定、消极的评价,便垂头丧气，觉得自己一无是处，没脸见人。所以，你应该从现在起，为自己活着。不要太理会别人对自己的看法，多多关注自己那颗需要关注的内心。

方法三：会用平常心调节。学会以平常心态对待生活、学习和工作，就能消除不必要的心理压力。遇到某些不尽如人意的地方，迅速调整自己的心态，保持平常心，才不会被虚荣心所战胜。

方法四：学会真诚。你要用真知实学来充实自己，用真诚待人来完善自己，要向世人展示一个真实的自己，唯有真实的你，才是美的，才不会产生虚荣。

一个人只要放下面子这个包袱，勇敢地面对现实，就一定能够成功。面子不能当饭吃，而恰恰是能放下面子的人，才能重拾起金子，重拾起成功的机会。放下面子不等于放下尊严，生活就是这样，有所舍，才有所得。该放下的时候就放下，这样才不会被生活所累，才不会让人觉得虚伪。不要为了面子作茧自缚，要给自己一个弹性空间，能屈能伸。这样人才会有进步，才会成长，才能不断完善。

8. 虚伪奸诈是一面易碎的镜子

有这样一个关于虚伪奸诈的寓言：

喜鹊到处自诩："我是直筒子性格，心直口快，爱讲真话，从来不怕得罪人。"

的确也是如此，喜鹊碰到不顺眼的，总爱唧喳一通，指责一气。比如，见了猪，他要斥责："光吃不干的懒家伙。"见了狗，他要嘲讽："尾巴卷上天的东西。"见了驴，他要戏谑："蠢货，推磨还要蒙眼。"见了麻雀，他要讥笑："小不点儿，能把人吵死。"

……

有一次，乌鸦总管大人下来巡视山林。喜鹊一听到了这个消息，赶忙飞向前，笑脸相迎，喋喋不休地恭维乌鸦："总管大人，我们太想念您了。见到了您，真幸运。总管大人，您的羽毛真美，你是天下最漂亮的鸟。总管大人，您的歌儿真好听，您堪称鸟王国的最佳歌星。"

乌鸦总管走后，一群鸟民围拢上来，七嘴八舌质问喜鹊：

"爱讲真话的先生，今天怎么不讲真话了？"

"乌鸦的羽毛真美吗？"

"乌鸦的歌儿真好听吗？"

喜鹊窘态百出，吱吱吾吾，答不出一句话来。公正的猫头鹰出来替喜鹊作了回答。"喜鹊先生，恕我直言。你的所谓直筒子性格，爱讲真话，有对象哇！在于自己无利害关系者的面前，你什么都敢说，什么都能说；一旦到了关乎自己利害的对象面前，你就不敢讲真话了。"

虚伪奸诈都是名利场上的产物。虚伪者见机行事、见风使舵。奸诈者浑水摸鱼、煽风点火、推人落井、破坏规则，阴毒之中害人性命。人类历史上充满戏剧性的人灾横祸，拉开大幕者，大多是由某位虚伪奸诈者暗箱操作，才得以风生水起。

三国时刘备来投奔曹操，曹操任命刘备为豫州牧。

有谋士对曹操说："刘备有雄才大略而且很得人心，关羽和张飞两位大将，都有万夫不当之勇，而且都甘愿为他尽忠效命。依我看，刘备胸怀大志，谋略不可测度。古人说，一日纵敌，数代之患。现在不早点儿除掉他，必为后患。"

曹操点了点头，又征求郭嘉的意见。

郭嘉说："这种想法有道理。不过话说回来，明公你现在起兵的目的，是为百姓铲除残暴的邪恶势力，以真诚和信誉来号召天下豪杰帮助你建功立业。刘备有英雄之名，因为走投无路才来投靠你。假如这时杀了他，虽然能够免除一个后患，但是就要背上妒贤害能的骂名，使普天下英雄灰心，把所有想来投奔你人才都吓跑，到那时你用谁去平定天下呢？值此安危之际，你不能不考虑其利弊得失。"

曹操说:“讲得好!”

曹操明知刘备胸怀天下,日后与自己必有一争,仍然听从劝告,为了获得天下英雄之心而留用他。在曹操这儿,不拿信用当儿戏,不做失信于天下的事儿,并不是因为他品格如何高尚,而是为了达到聚集英雄豪杰为自己服务,有效地号令天下的目的。

曹操当时杀刘备可谓是轻而易举的事,但是如果杀了刘备,或许就不会有典韦、许褚、张辽、夏侯惇等文才武将归入他的旗下。但后来曹操也因为一次次失信于百姓,留下了“奸雄”的骂名。

信用是美德,不应含有任何的功利。而在虚伪奸诈的曹操这里,只不过是一个“笼络人心”的工具而已。

与虚伪奸诈相反的是诚实守信。诚实,就是忠诚正直,言行一致,表里如一。守信,就是遵守诺言、不虚伪奸诈。“言必信,行必果”“一言既出,驷马难追”这些流传了千百年的古话,都形象地表达了中华民族诚实守信的品质。

同样是三国,与曹操以“虚伪奸诈”蒙骗人心不同,诸葛亮则用“诚实守信”打动人心,凝聚军心、鼓舞士气。

诸葛亮正准备进攻陇西,长史杨仪报告说,军中现有四万人应该回去休息了。诸葛亮立即命令这些部队收拾行装,准备回去。这四万人将要起程时,魏军突然打来。

杨仪建议,让这四万人留下,打完仗再走。

诸葛亮说,用兵命将,以信为本,得利失信,古人所忌。军情再紧,也不能食言。

诸葛亮让大家按时起程,说,你们的父母妻儿无不倚门而望,我怎么可以把你们留下呢?部队士卒异常激动,几次下令,却不愿走。诸葛亮只好令他们参战。

魏军远来,一经交锋,蜀军大获全胜。

这就是诚信的力量，我们以诚信待人，他人也会以真心相报。我们想要在官场、生意场上立足，就得记住信用是立身处世的根本，玩什么也别玩信用。

《诸葛亮集》有《逐恶》一文，诸葛亮说，无论是治国还是治军，有五种奸人是祸患，必须注意驱逐。这五种人即是：一是私结朋党，搞小团体，讥毁、打击有才德的人；二是在衣服上奢侈、浪费、穿戴与众不同的帽子、服饰、虚荣心重、哗众取宠的人；三是制造谣言奸诈视听的人；四是搬弄是非，为了自己的私利而兴师动众的人；五是个人的如意算盘打得门儿清，暗中与敌人勾结在一起的人。这五种虚伪奸诈、德行败坏的小人，对他们只能远离而不可亲近。同理而言，在企业经营当中，这五种员工也是同样不受欢迎的。

诚信是为人之本，也是做人做事的原则和基本品德。精诚所至，金石为开，在人与人相处中，不管是同事朋友之间，还是在生意场上，都要以诚为本，以信为根。唯有如此，才能赢得他人的信任和支持，成功与财富方可滚滚而至。

虚伪奸诈者虽能得逞一时，却终将祸害一世。每一个成功者，都是靠真诚待人、诚实守信成功的。虚伪奸诈只会让自己越陷越深，如果撒了一次谎，你最后只能再撒 15 次谎来掩盖这第一次撒的谎。欲盖弥彰的事，随处可见。所以我们无论过生活，还是干事业，都要记住，不能靠弄虚作假来达成目的。

9. 优柔寡断让你错失良机

一个人做事情，如果一直秉持优柔寡断、犹豫不决的性格，最后往往只会落得两手空空、一事无成，因为这种性格只能让时机立即从身边跑掉！

两个猎人去打猎，路上遇到了一只大雁，于是两个猎人同时拉弓搭

箭，准备射杀大雁。这时猎人甲突然说："喂，我们射下来后该怎么吃？是煮了吃，还是蒸了吃？"猎人乙说："当然是煮了吃。"猎人甲不同意煮，说还是蒸了吃好。

两个人争来争去，虽然明知彼此建议的优缺点，但就是作不了决定，一直没有达成一致。终于，前面来了一个砍柴的村夫，于是两个人征询村夫的意见，村夫听完说，这个很好办，一半拿来煮，一半拿来蒸，不就可以了。两个猎人感觉这个主意不错，决定就这么办。于是再次拉弓搭箭，可是大雁早已飞走了。

猎人犯了议而不决、拖沓等待的错误，在如何吃的问题上，花了太多的时间和精力，最终失去了猎杀大雁的最佳时机。没有了猎杀的过程，当然就没有了怎么吃的结果；没有快速地行动，当然就没有最后的成功。

世间最可怜的人就是那些举棋不定、犹豫不决的人，有些人一旦遇到事情就一定要去和他人商量，这种主意不定、意志不坚的人，既不会相信自己，也不会为他人所信赖。

有些人简直优柔寡断到无可救药的地步，他们不敢决定种种事情，不敢担负起应负的责任，而他们之所以会这样，是因为他们不知道事情的结果会怎样——究竟是好是坏，是凶是吉，他们常常对自己的决断产生怀疑，不敢相信他们自己能解决重要的事情，因为犹豫不决，很多人使他们自己美好的想法陷于破灭。

所以，对于成大事者来说，犹豫不决、优柔寡断是一个阴险的"仇敌"。在它还没有受伤害你、破坏你，限制你一生的机会之前，你就要即刻把这一"敌人"置于死地，不要再等待、再犹豫。决不要等到明天，今天就应该开始，要逼迫自己训练一种遇事果断坚定的能力，遇事迅速决策的能力，对于任何事情切不要犹豫不决。当然，对于比较复杂的事情，在决断之前需要从各方面来加以权衡和考虑，要充分调动自己的知识，进行最后的判断，一旦打定主意，就决不要更改，一旦决策就要断绝自己的后路。只有这样做，才能养成坚决果断的习惯，既可以增强人的自信，同时也能博得他人的信赖，有了这种习惯后，在最初的时候，也许时常作出错误的决策，但由此获得的自信等种种卓越品质，足以弥补错误决策所可能带来的损失，果断决策的能力，与一个人的才能有着密切的关系。如果没有果断决策的能力，那么你的一生，就像深海中的一叶孤舟，永远漂流在狂风暴雨的汪洋大海里，永远达不到成功的目的地。

美国拉沙叶大学的一位业务员前去拜访西部一小镇上的一位房地产经纪人，想把“销售及商业管理”课程介绍给这位房地产商人。

这位业务员到达房地产经纪人的办公室时，发现他正在一架古老的打字机上打着一封信。这位业务员自我介绍一番，然后开始推销这个课程。

那位房地产商人显然听得津津有味。然而，听完之后，却迟迟不表示意见。

这位业务员只好单刀直入了：“你想参加这个课程吧，不是吗？”

这位房地产商人以一种无精打采的声音回答说：“呀，我自己也不知道是否想参加。”

他说的是实话，因为像他这样难以迅速作出决定的优柔寡断的人有数百万之多。

这位对人性有透彻认识的业务员，这时候站起身来，准备离开。但接着他采用了一种多少有点刺激的方法。下面这段话使房地产商人大吃一惊。

“我决定向你说一些你不喜欢听的话，但这些话可能对你很有帮助。先看看你工作的办公室，地板脏得怕人，墙壁上全是灰尘。你现在所使用的打字机看来好像是大洪水时代诺亚先生在方舟上所用过的。你的衣服又脏又破，你脸上的胡子也未刮干净，你的眼光告诉我你已经被打败了。”

“在我的想象中，在你家里，你太太和你的孩子穿得也不好，也许吃得也不好。你的太太一直忠实地跟着你，但你的成就并不如她当初所希望的。在你们刚结婚时，她本以为你将来会有很大的成就。”

“请记住，我现在并不是向一位准备进入我们学校的学生讲话，即使你用现金预缴学费，我也不会接受。因为，如果我接受了，你将不会拥有去完成它的进取心，而这些人不希望我们的学生当中有人失败。”

“现在，我告诉你，你为何失败。那是因为优柔寡断的你没有做出一项决定的能力。在你的一生中，你一直养成一种习惯：逃避责任，无法做出决定。错过了今天，即使你想做什么，也无法办得到了。”

“如果你告诉我，你想参加这个课程，或者你不想参加这个课程，那么，我会同情你。因为我知道，你是因为没钱才如此犹豫不决。但结果你说什么呢？你承认你并不知道你究竟参加或不参加。你已养成逃避责任的习惯，无法对影响到你生活的所有事情做出明确的决定。”

这位房地产商人呆坐在椅子上，下巴往后缩，他的眼睛因惊讶而膨胀，但他并不想对这些尖刻的指控进行答辩。

这位业务员道声“再见”，走了出去，随后把房门关上。但再度把门打开，走了回来，带着微笑在那位吃惊的房地产商人面前坐下来，又说：“我的批评也许伤害了你，但我倒是希望能够触怒你。

“现在让我以男人对男人的态度告诉你，我认为你很有智慧，而且我确信你有能力。你不幸养成了一种令你失败的习惯。”

“但你可以再度站起来。我可以扶你一把，只要你愿意原谅我刚才所说过的那些话。”

“你并不属于这个小镇。这个地方不适合从事房地产生意。赶快替自己找套新衣服，即使向人借钱也要去买来，然后跟我到圣路易市去。我将介绍一个房地产商人和你认识，他可以给你一些赚大钱的机会，同时还可以教你有关这一行业的注意事项，你以后投资时可以运用。你愿意跟我来吗？”

那位房地产商人竟然抱头哭泣起来。最后，他努力地站了起来，和这位业务员握着手，感谢他的好意，并说他愿意接受他的劝告，但要以自己的方式去进行。他要了一张空白报名表，答应报名参加《推销与商业管理》课程，并且凑了一些硬币，先交了头一期的学费。

三年以后，这位去掉了优柔寡断弱点的房地产商人开了一家拥有60名业务员的公司，成为圣路易市最成功的房地产商人之一。

那么,我们要如何克服这种遇事拿不定主意、优柔寡断的毛病呢?

1. 自强自立。容易优柔寡断的人多缺乏很强的独立性,他们遇事总喜欢依赖别人,让别人帮自己拿主意。所以当遇到需要自己拿主意的事情的时候,就显得左右为难,不知道该怎么办好了。所以,培养良好的自信、自立、自强、自主的意志力,培养自己的独立性是非常重要的。

2. 决定取舍。不要既想要这个又想要那个,既觉得这个好,又认为那个也不差。要敢于做出取舍。在保持自己原则的同时,不要太过追求完美,而要勇于面对,决定取舍。

3. 有胆有识。心理学认为,人的决策水平与其所具有的知识经验有很大的相关。一个人的知识经验越丰富,其决策水平就越高;反之则越低。这也就是俗话所说的"有胆有识,有识有胆。"

4. 主动思维。"凡事预则立,不预则废"。学会自己主动思维,不要想着靠别人就会有很大的提高和进步。当你遇到一件你难以取舍的事情的时候,先不要盲目冲动地做决定,也不要等着别人来教你怎么做,要自己冷静的思考、分析,然后自己去做决定,这样多多练习自己主动思考,会让你成为一个有主见的人,不再优柔寡断。

5. 遇事冷静。排除外界干扰和暗示,稳定情绪,由此及彼、由表及里地仔细分析,亦有助于培养果断的意志。

在这个竞争异常激烈的社会,优柔寡断是使不得的。拿破仑·希尔说:"不要等到万事俱备以后才去做,永远没有绝对完美的事。如果要等所有条件都具备以后才去做,那就只能永远等待下去。"如果拿不定主意,就跟着第六感走吧,不管对或错,成功或失败都不用后悔,至少你努力过!一切都过去的!拿起你的魄力挑战未来,没什么大不了的!人的精力是有限的,放开优柔寡断的双手,你会收获更多。

10. 恐惧失败就是拒绝成功

在所有战役中,人们输得最多的就是倒在失败恐惧症上。我相信我们每个人都有自己的恐惧，例如，恐惧工作太累，恐惧客户刁难，恐惧业务泡汤，等等。正是因为害怕，所以很多人失去了抓住面前机会的勇气。但是，正如常言所道，如果你永远都不能直面种种恐惧的话，你也将永远失去面对它们的勇气。

因为你害怕，最后的结果可能不如预期，所以你害怕做出决定。因为你害怕，你最后有可能失败，所以要找到支持行动的勇气也是很难的。正是这种种的害怕在我们采取行动前已经充斥了我们的头脑。我们为那些还不存在的害怕担心半天。恐惧只会导致我们在明天到来前就已经想好最坏的打算，而不能意识到，你在恐惧中，已经忘记充分利用好今天。

恐惧源于无知，凡是我们没见过的东西，或我们的思维没有感受过的没有预料到的东西，都会增强人体的应激，当应激增强到能被个体意识到时就是恐惧，意识不到时就是焦虑，焦虑通过仪器可检测到。所以恐惧本身是客观的情绪，是有保护意义的，发挥着防御功能。

人的恐惧与动物的恐惧一个最大的不同是，动物的恐惧都有真实的对象，而人可以对心中的事物、对未来产生恐惧，此时恐惧已经是主观的，变成了一种认知，而不仅仅是一种情绪。在事发之时，恐惧是我们成功的头号敌人！是第一失败情绪，怕字当头，必然行动不自由、不彻底，或者干脆取消一切行动。其实未来与现实一样有好的一面，也有不好的一面，但恐惧拒绝整个未来，而不分有利面还是不利面。

伏尔泰说，动物有两点值得羡慕：一是无知，即它们对未来的不幸或困难毫无所知；二是不在乎他人评价，人对它们的描述它们无从理解。而这两点恰恰是人最最在意的，为确保万无一失或者说保全面子的最可靠保证，就是不行动，说到底害怕失败就是害怕丢面子罢了。仅仅是想成功的人每每被理想的风帆所鼓动，可一想到失败后可能出现的现实境遇，还是偃旗息鼓算了。从一点说，那些一定要成功的人反而进化得迟缓得一点。心理学家用试验证实，很多人摔了跤后，第一反应往往不是看哪儿摔着了，而是扭头看看四周有没有人，尤其是有没有熟人，这跟对儿童的观察一模一样，小孩子摔倒了，先昂起头看看有没有爸爸妈妈，如果有就“哇”的一声大哭，没有就自己爬起来，但小孩想的不是面子而是撒娇而是寻求支持。

客观的恐惧是免不了的，一个人可以摧毁心中的一切，只要他活着，他就无法摧毁恐惧。一个智慧再高的人看到吐芯的巨蟒照样恐惧，看到从未见过的天外来客照样恐惧。但主观的恐惧是可以通过丰富经验和提高认知而消除的。丰富经验就是越怕行动越要行动，否则从何处积累经验？纵观成功人士，他们不是比你“会”做，而是比你“敢”做，他们坚定的信念、强烈而清晰的目标能抵挡一切恐惧。

卡耐基在《人性的优点》一书中提出了战胜恐惧的具体步骤。

1.问问你自己，可能发生的最糟的结果是什么。

2.详细地写下你的忧虑。

3.如有必要的话，接受这种最糟的情况。

4.写下解决这个问题的所有方法。

5.决定哪种方法最好。

6.立刻去做。

7.对你认为糟的事情，平静地去加以改善。

这七点其实只有两个核心：最坏打算＋立即去做。

立即去做让你恐惧的事，这是战胜恐惧的唯一法宝。

美国有个名为琼斯的新闻记者，极为羞怯怕生。有一天上司叫他去访问大法官布兰德斯，琼斯大吃一惊，连忙说“不行不行，他根本就不认识我”。在场的一个记者拿起电话就拨通对方秘书办公室：“你好，我是《明星报》的记者琼斯，我奉命采访布兰德斯法官，不知道他今天能否接见我几分钟？”琼斯一听吓坏了，在旁边恨得大骂：“你怎么提我的名字？！”这时电话里已传出声音：“一点十五分，请准时。”“琼斯先生，你的约会安排好了。”同事滑稽地耸了耸肩，而琼斯一下子愣住了。“那一刻是我二十几年来学到的最重要的一课。”成名以后的琼斯总在说那一句话。

如何脱离恐惧是每个追求成功的人都在思考和解答的问题，它是人性丰满的标志。尼采说：“一项重大成果完成之后便属于人类了，而对自己来说只不过是把他从失败的恐惧中解脱出来——现在我终于输得起了。"这种输得起是自己挣来的，他们一开始就把失败考虑进去，并准备好承受一切挫折，他们深信小石子不可能把一个人送上山巅，可是大部分人一辈子都在希望幸运之神先给他们一大笔，然后再向别人炫耀他能输得起。他们一辈子都奢望着模糊的美景，偶尔还会心血来潮，当一出手就碰壁时，他们惊慌失措，如临大敌，像山顶洞人突然看到冒着白烟的火车。

失败者的心理只有一个：畏惧就是一切。他们的准则也只有一个：坚决不付出行动。他们的进程更只有一个：誓将失败进行到底。一个无法直面失败的人，是无法在人生的道路上走得更远。所以我们必须抓住每一次的机会，管理好我们的种种害怕，并且我们应该掌控我们的将来和我们的生活。当机会的大门每一次向我们敞开的时候，我们抓住机会的意愿不应该被害怕失败所阻碍。也许我们每一次的努力结果并不是我们次次都如我们所预料的那样完美，但是至少你的生活不会充满着遗憾和疑惑，因为你知道你已经尽力了。正如我们一直听到的，如果一个人敢于去尝试了，无论结果如何，他都将不会是一个完全的失败者。并且你要坚信，你会赢得一个美好的开始。

第三章　消除负面情绪，不畏失败坚持到底

心理学上把焦虑、紧张、愤怒、沮丧、悲伤、痛苦等情绪统称为负面情绪，人们之所以这样称呼这些情绪，是因为此类情绪体验是不积极的，身体也会有不适感，甚至影响工作和生活的有序进行，进而有可能引起身心的伤害。有些人会积攒一些负面情绪。如果在办公室里释放，在同事面前唉声叹气、眉头紧锁、做苦瓜脸，负面情绪极有可能传染给同事，让办公室的气氛变得压抑。这负面情绪得不到释放，也会让人憋出"内伤"，表情暴力，严重影响您的交际与工作。远离它们，方能保持您的身心健康，事业顺利。

1. 情绪化只会让你后悔莫及

歌德曾说:“决定一个人的一生,以及整个命运的,只是一瞬间。”往往我们一瞬间的冲动,就会毁了自己的一生,所以在我们遇事的时候,不妨多考虑一下后果,做到“三思而后行”,也许事情就会出现转机。凡事要三思而行,考虑任何问题,都要看到它的正面和负面,切忌片面性和情绪化。

每个人对事物的看法和观念都带有强烈的感情色彩,这种感情色彩带有非常明显的个性特征。人们之间的喜好有时候是无法相容的。但是在办公室,这种情况一定要控制,无论遇到什么事情,都要冷静理智,千万不要意气用事。

有一位朋友,在工作中很负责,而且办事也非常利索,工作能力也比较强,上司很欣赏他,并打算给他升职。但是他有个毛病,那就是情绪化特别浓,周围的同事很不满意。两年过去了,这位朋友的职位还是依旧,这究竟是怎么回事呢?原来这位朋友在工作中表现出不满情绪,认为自己能力强,没有被提拔,而那些各方面不如他的人在职务上却超越了他。

凡是失败都会有一定的原因。他失败的原因在于和同事相处时,不断地抬高自己,贬低别人,甚至在公开场合顶撞上司,令其尊严当众受损。作为上司不会提拔像这样的下属。

人在愤怒或是激动的时候容易产生偏激,对事物没有正确的分析,看别人的短处多,长处少,这样容易做出违背常规的事情。有的人一旦升了职,就会得意忘形,连自己姓什么都忘记了,甚至还会翻脸不认人。这样只能降低自己在众人心目中的地位,孤立自己。

在工作中,什么样的情况都可能发生,什么样的事情都可能遇到,因此在处理工作和事务时,要学会保护自己免受伤害,要学会控制自己的情绪,不要轻易地把自己的情绪表露出来,以免伤害自己和得罪别人。不加控制地直接流露自己的喜怒哀乐，也显示出自己本身肤浅、没有城府。

要做到不生气、少生气，就要心胸开阔，多问自己几个问题，如这值得我生气吗？有什么办法能解决眼下这种情况吗？不要对一些细枝末叶的小事斤斤计较，大发雷霆，这样只会让我们越来越不快乐。其实，遇到让自己不顺心的事情时，退一步思考解决之道，并非意味着懦弱，反倒是化解矛盾的良策，或许还会由此冰释前嫌，换得云消雾散、海阔天空。要善于控制和调节自己的情绪，把生气这种不良情绪消灭在萌芽状态。万万不可认为生气是正直、坦率、豪放性格的表现。动辄生气、发火，于人无益、既伤害了别人，也是在伤害自己，实在不划算。因此，遇到事情不要急着发火，在想清楚之后采取行动，就能避免很多悲剧的发生。

刘玲是一家大型企业的高级职员，她的能力是有目共睹的，无论是工作能力，还是文字水平，都处在单位的一流水平，上司对她的能力也是充分肯定的。平时，刘玲的热情大方，率真自然，是比较受人欢迎的。但是，成也萧何，败也萧何。刘玲的率直和不加掩饰过于情绪化，这在职场中有时可是个大忌。前不久，单位提拔了一个无论是资历，还是能力和业绩都不如她的女同事。刘玲很生气，平时上司就对这位女同事特别关照，什么提职、加薪等好机会都会想着她，好事几乎都让她占尽了，眼看着处处不如自己的同事，一年之内竟然被“破格”提拔了三次，可自己的业绩明明高出她好多，可上司好像视而不见，只是一个劲地让她好好工作，而好机会总没她什么事。

这次，刘玲真的恼了，她义愤填膺地跑到上司的办公室去“质问”，并义正词严的与上司“理论”起来，可上司那儿早已准备了一些冠冕堂皇的理由，尽管这样上司还是被刘玲搞得非常狼狈。从那以后，刘玲的情绪一度受到影响，还因此备受冷落，同事也不敢轻易同她说话了。刘玲很难受，又气又急又窝火，自己怎么也想不通为什么工作干了一大堆，领导安排的工作也能高标准地完成，可为什么总是费力不讨好呢？看看那位女同事，也没干出什么出色的成绩，可人家不慌不忙的总是好事不断。

经过分析，最主要的一条就是刘玲犯了职场中的大忌，太情绪化了。

碰到事情和问题很少多想几个为什么，只凭着感觉和情绪办事，只想干好工作，用业绩说话，在为人处事上太缺乏技巧了，常常费力不讨好。刘玲也想让自己"老练"和"成熟"起来，然而一碰到让人恼火的事情，她就是控制不住自己的情绪，尽管事后觉得不值，但当时就是不能冷静下来。

现代人面对工作的巨大压力，都会有心烦急躁的时候，都会遇到难以诉说的苦衷。这时候会有一种强烈的想向人发泄胸中闷气的愿望。但是这种闷气不能随便发泄，如果不分场合任意发泄，那后果将是不可想象的。如果冲着同事出气，即使同事理解你的心情，也会对你产生一定的看法。如果被上司知道，将有可能影响你升职加薪的机会。因为一个情绪化的员工难以与他人合作，这会直接影响公司的利益。一般情况下，上司不会用一个情绪化的员工去做管理工作。你要学会适当地控制自己的情绪，尽量少暴露自己的弱点。在情绪低落时，要找到缘由，想办法解决，及时调整自己，使自己冷静下来，理智地面对遇到的困难。

善变的情绪会对你的工作带来不必要的麻烦。无论做什么工作，都不可避免地会遇到批评和抱怨，这时你一定要耐心，面对来自同事或顾客的抱怨，你一定要耐心倾听，冷静对待，认真处理，不可意气用事。如果处理不当，势必造成双方的不愉快，还有可能会使双方的合作关系受到影响。

控制自己的情绪的确是件非常不容易的事情，因为我们每个人心中永远存在着理智与感情的斗争。如同所有的习惯一样，控制冲动也是一种必须经过训练才能得到的能力。要具备这种能力，有三个基本步骤：

1. 必须不断地分析自己的行为可能带来的长期后果

面对让自己不顺心的事，千万不要不分轻重，上来就对别人劈头一顿骂，这样不但解决不了问题，反而会造成自己与别人的矛盾。因此，遇事多想，多分析，清楚自己冲动而造成的后果是多么的严重，这样才能做到不轻易动怒。

2. 必须及时制定出处理问题的具体方案

在分析清楚自己可能因冲动造成的后果之后，我们就应该思考怎样解决问题的具体方法与步骤。只有从根本上解决了问题，才能消除使我们生气的根源。

3. 必须不屈不挠地按照决定来行动

一旦制定出解决的方案，就要毫不犹豫地实施，不要因为心里小小的矛盾，而阻碍方案的实施，导致愤怒在心中升级，做出冲动的行为。

职场人际复杂，难免会有矛盾，对待矛盾，我们应该三思而后行，就像处理衣服上的泥土一样，等到干了以后搓一下，衣服就会变干净，甚至不留一点痕迹。快乐人生就是遇事冷静勤于思考，不轻易动怒，一切就自会豁然开朗。

2. 忧虑使你远离生活中的阳光

人生有三大忧虑：第一，是为生命忧虑，想自己可以活多久，吃喝什么；第二，是为身体忧虑，如衣服、房子、金钱等物质的东西；第三，是为明天忧虑，对即将到来的时日悲观失望，乃至这份焦虑成了每天挥之不去的阴影。

在撒哈拉沙漠生活着一种土灰色的沙鼠。每当旱季来到之时，这种沙鼠都要囤积大量的草根，以备艰难日子之食用。当草根囤积到足以让它们享用不尽时，它们还在拼命地寻找草根，运回巢窟，似乎唯有这样它们才会心安理得，否则便焦灼不安。

曾经有不少医学界的人士想用沙鼠来代替小白鼠做实验。笼子里沙鼠的家计可谓“丰衣足食”了，但它们还是很快就死亡。医生发现，这些沙鼠是因为没有囤积到足够的草根的缘故。确切地说，它们是因为极度的焦虑而死，这是来自一种自我心理的威胁。

这就很像我们很多员工。在现实生活里，常让人们心神不定的往往并不是眼前的工作，而是那些还未得到、还未到来的东西，如房子、车子、票子,晋升,乃至疾病、失业、灾难、孤独,等等。有很多东西其实根本不必担心,有很多挫败也许根本不会发生,但人们还是猜来猜去。

正如医生所证明的那样,焦虑是使人寿命减短的最大因素之一。来自一个上海心理协会的报告说上海有严重心理问题的人数达到 120 万,上海人口一千三四百万,差不多是十个里面就有一个,这些人百分之八十是白领阶层,是令人羡慕的一族。他们最明显的问题就是忧虑。从忧虑开始发展到自杀,台湾每天有 178 人自杀,日本自杀比例更高。

很多人的想法是想换一个更好的工作或地方、提升自己的社会地位来解决忧虑。

据媒体称,日本太子妃雅子本来是非常幸运的人现在却患了忧郁症。回到平民的家里就好了,可是一到皇宫就旧病复发。约翰·洛克菲勒 33 岁时赚到了他的第一个 100 万美元,43 岁时他组建了世界上最大的垄断集团——标准石油公司。那他 53 岁时又有什么惊人之举呢? 不幸的是,那时他却成了忧虑的"俘虏"。多年过于紧张忧虑的生活摧毁了他的健康。为他作传记的温格勒说,他 53 岁时活得像一具四肢僵硬的"木乃伊"。我们从此可以看出地位、环境和物质都不能解决我们的忧虑。

还有这样一条新闻。美国一位老太太本来是清洁工,中了乐透,拿到美国历史上最高的奖金 2.9 亿美元,但是她决定继续做清洁工。她说仔细回想,让她最快乐的是做清洁工,现在有钱很麻烦,很多人自告奋勇打电话来要为她做律师、CPA 等,开始替她忧虑了。还好她懂得自己最需要的是什么,人们常常以为的出路其实不是出路。

人为什么会忧虑呢? 那是因为不知道生命真正的价值。这价值不是能用吃喝、穿戴、地位、环境所能衡量的,而我们常以为小到穿戴、大到社会地位等决定人的价值,把人的价值跟物质连在一起。第二个原因是不知道生命的意义在哪里,所以常常心怀忧虑自作自受。有这样一个笑话:有一个乡下人学会了开汽车,买了一辆汽车开回来,非常风光。他看到一位老妈妈挑着菜进城就邀请她上车。没有想到老妈妈站在车上,肩上还是挑着菜，并且说，坐你的车已经很麻烦了，不能再让菜给你添加重量。我们很多人就像这位老妈妈，其实有些负担本可以放下，有很多心事也根本不用挂在心上，而我们的忧虑刚好表现了自己的骄傲与无知，似乎自己是无所不能的，能够肩挑天下所有的重任。很多人不知道自己的有限，不知道还有更重要的事情要做，他们心怀忧虑便无暇顾及和做好当下的工作，他们在忧虑当中看不见快乐、幸福、希望，他们在忧虑中越发劳累、越发糟糕、越发烦躁，然后一直浪费时间、枉费生命。

我们要怎么从忧虑里出来呢？解决的药方在哪里呢？没有别的，就是两个字："放下。"放下那些莫须有的负担。"不要为明天忧虑，因为明天有明天的忧虑：一天的苦足够一天受得了。"今天活像是座独木桥，只能承载今天的重量，假若加上明天的重量，必定轰然倒塌。何曾有人被今天的重担压垮？除非他把明天的担子跟今天加在一起，才会超过人的负荷能力。因此，每天只为一天而活，你将充满愉快。你不能改变过去，却能因为担心未来、无事生非，而摧毁美好的现在。

有一盲人姊妹面色憔悴、脑袋耷拉着，来到牧师的家，在他面前倒苦水："我现在与我的丈夫开一间盲人按摩店。目前的生意固然不错，不过我还是担心将来有一天生意会差下来。还有，不等生意差了，我也会衰老，我皓首之后该怎么办？还有，我的婆婆将来衰老之后，她就不能常来帮助我，到那时我又该怎么办？还有，我的孩子一天天地长大，不知道他们将来要做什么工作才好？还有……"不等这姊妹把"还有"说完，牧师打断了她的话，说："姊妹啊，你就是有太多的'还有'，才把你摧残成枯瘦的身躯。"

医生为洛克菲勒的忧虑开出的三条"药方"是：一：避免忧虑，任何情况下，不要为任何事忧虑。二：放松心情，多从事轻度的户外运动。三：注意饮食，只吃七分饱。后来洛克菲勒谨遵这三条规则，因而捡回了一条性命。他创办基金会，到处散财，帮助更多的穷人，退休后，他学习打高尔夫球，整理园子，和邻居聊天、打牌，还会唱唱歌。最后他快快乐乐地活到了

98岁。

人就是太会计算将来的事，所以才繁衍出诸多的烦愁来。明天着实叫人挂虑，可是今天更重要，只有做好了今天，才有更加光明的明天。我们一生的明天，都必须先经过今天，然后才能光临我们，而今天的忧虑，只能造成明天的负担。

我们的本分就是做好今天，因为只有快乐充实的今天，才会有完美的明天。

3. 妒忌是一把害人害己的"利剑"

嫉妒的人总是容不下别人，容不得别人的长相比自己好看，容不得别人比自己有才学，容不得别人比自己业绩优秀，容不得别人比自己富有，处处与别人作对，结果激起别人对自己的愤怒，遭到众人的排斥。培根曾说："嫉妒这'恶魔'总是在暗暗地、悄悄地'毁掉人间的好东西'。"嫉妒是心灵的枷锁，会将一个人牢牢拴住，人们不但得不到任何好处，反而会跌进痛苦的世界中走不出来。正如巴尔扎克所说："嫉妒者受到的痛苦比任何人遭受的痛苦更大，他自己的不幸和别人的幸福都使他痛苦万分。嫉妒心强的人，往往以恨人开始，以害己而告终。"所以，好嫉妒的人总是20岁的脸上就写满了50岁的沧桑，会因为生活中到处都是"敌人"，而觉得是世界末日的到来。

嫉妒在很多时候是一种消极的情绪。嫉妒常常导致怨恨别人，中伤别人等消极的行为。嫉妒往往和心胸狭窄、缺乏修养联系在一起。心胸狭窄的人会因为一些微不足道的小事而产生嫉妒心理，别人比他强的方面成了他嫉妒的缘起。缺乏修养的人会将嫉妒变为消极的行为，严重破坏人际关系。

年轻的玛莉在公司内很受大家的欢迎，人们常常夸奖她。她很有能力，把自己的工作做得很好；人也很开朗，不论是在什么场所，她都能保持

自己知性的风度;她还很勤奋,无论遇到任何困难,都能克服。

但是有一天,公司来了一位新同事,是一位相貌美丽的小姐。因为玛莉的同事以男士居多,所以这位新同事很受大家的欢迎。很多人帮助她熟悉业务,还有的人跑前跑后为她安排工作。玛莉看在眼里,心里很不是滋味。

有一次,大家去参加一个舞会,玛莉想和同事攀谈,趁机也显示自己的魅力,但是直至舞会结束,都没有机会。因为男人们都围着新同事,对她说好听的话,而昔日那个位置都是玛莉的。

从此,玛莉渐渐地变了,她不再勤于工作,每天都在忌妒的怒火中受着煎熬。她经常神思恍惚,甚至会一直盯着那个新来的同事,很多人都发现了她的异样。在一次年终的奖励大会上,新来的同事因为人际上的关系使公司的赢利提高了很多而受到了很多上司的表扬。玛莉最终忍耐不住,辞了工作,并且一个月都没有走出家门。

德谟克利特说:“忌妒的人是他自己的敌人。”忌妒就是在折磨自己。忌妒让人把时间用在关注和思考别人身上,而不是潜心于自己的开发。忌妒只会让一个人不断往后退,直至退到没有后路的悬崖。

好嫉妒的人往往自大。因为自大,想高人一等。所以就容不下比自己强的人。看到周围的人有超过自己之处。要么设法去贬低,要么设置陷阱去坑害对方,结果真正伤害的却是自己,使自己身心俱疲。

作为员工,身边时刻不乏能人,与其时时嫉妒那些比自己强的人,还不如把嫉妒变为动力,多结交一些比自己强的人,从他们的身上学习成功的经验,提高自己的能力,促使自己也成功。罗素说:“忌妒尽管是一种罪恶,它的作用尽管可怕,但并非完全是一个恶魔。它的一部分是一种英雄式痛苦的表现,人们在黑夜里盲目摸索,也许走向一个更好的归宿,也许走向死亡与毁灭。要摆脱绝望,寻找康庄大道,文明人必须像他已经扩展了他的大脑一样,扩展他的心胸。他必须学会超越自我,在超越自我的过程中,学得像宇宙万物那样逍遥自在。”开阔自己的心胸,你就会从妒忌中发现与众不同的财富。

美国一位叫阿瑟·华卡的农家少年,一直很忌妒商界的成功人士,但是他是一个好强的人。一天在杂志上读到大实业家亚斯达的故事,他很忌妒亚斯达有这样巨大的成功,但转念一想,为什么自己要在这忌妒呢?再怎样忌妒都不可能像他那样成功。何不向他请教,对他的成功经历了解得更详细些,这样自己或许也能取得成功。

有这样的想法后,他跑到了纽约,也不管几点开始办公,早上7点就来到亚斯达的事务所。在第二间办公室里,华卡立刻认出面前这位体格结实、浓眉大眼的人就是亚斯达,这让他兴奋不已。一开始,高个子的亚斯达觉得这少年有点讨厌,然而一听少年问他"我很想知道,我怎么才能赚到百万美元"的时候,他的表情变得温和并微笑起来,两人竟谈了近一个小时。随后亚斯达还告诉华卡该怎样去访问其他实业界的名人。

华卡照着亚斯达的指示,遍访了那些曾让他忌妒的一流的商人、总编及银行家。在赚钱方面,华卡所得到的忠告并不见得对他有所帮助,但是能得到成功者的知遇,给了他自信,他开始化忌妒为奋进的动力,仿效他们成功的做法。

过了两年,这个20岁的青年,成为当初他做学徒的那家工厂的所有者;24岁时,他成了一家农业机械厂的总经理。就这样,在不到5年的时间里,华卡就如愿以偿地赚到了百万美元。后来,这个来自乡村粗陋木屋的少年,又成为一家银行董事会的一员。

华卡在以后的创业中,一直实践着他年轻时到纽约学到的基本信条:多与比自己优秀的人结交,把忌妒别人转变为学习别人的长处,以此来帮助自己成功。

我们理应把忌妒对象当作竞争对手,不是向他攻击而是向他挑战、学习。比尔·盖茨说:"和优秀的人接触,你会受到良好的影响。"然而要与优秀的人物缔结友情,跟第一次想赚百万美元一样,起初是相当困难的。其中的原因并不在于对方的出类拔萃,而在于自己的忌妒之心,不愿友好地进行沟通与交往。那么我应该如何杜绝妒忌呢?

1. 不要和别人的长处比较。妒忌心理往往来源于将自己的短处与别人的长处进行比较。心理学家告诫,别人拥有再多也与自己无关。他们的成功并不意味着世界上的“成功人士名额”减少了,因此不能说明你就成功不了。

2.保持“比下有余”的心态。总有人拥有的比你多,也总有人不如你。妒忌心起时,不妨看看周围那些不如你的人,那么肯定能够感激你目前所拥有的一切。

3.把握已有的。不要因为尚未得到的东西妒火中烧。想想自己有些什么,比如幸福的家庭、可爱的孩子等。将视线转移到“我拥有”,而不是“我想要”,就会找到“富足感”。

4.用祝福的心态看待他人。“眼红”的时候,试着马上改变思路,将妒忌心转换成对他人的美好祝愿。理解他们成功背后的努力、运气和奋斗,真心祝贺他们,用他们的成功激励自己。

5.相信自己。每个人的能力可能会表现在不同方面,发现自己的特长,明确人生目标,不要因为别人早早取得成功而心灰意冷,甚至轻易改变自己方向,相信自己一定会走出一条成功之路。

“男人忌妒使男人高尚,更具理性;女人忌妒使女人美丽,更有诗意”妒忌的背后隐藏着更加丰富的内涵与品质,发掘它们,学习它们,超越它们,而不是让妒忌祸害我们的心情。借鉴我们妒忌对象的成功经验,我们也可以变得像他们一样优秀。

4.紧张会使工作陷入混乱的境地

当今世界是一个竞争激烈、快节奏、高效率的社会,这就不可避免地给人带来许多紧张和压力。精神紧张一般分为弱的、适度的和加强的三种。人们需要适度的精神紧张,因为这是人们解决问题的必要条件。但是,过度的精神紧张,却不利于问题的解决。从长远观点看,工作紧张会导致人们健康的全面崩溃。早期出现的症状为精神倦怠,体质下降,容易生气、激动、愤怒和抑郁沮丧,严重者会导致大脑神经功能紊乱。到了晚期，病入膏肓，人们在情绪上则陷入极度的悲观中，完全失去了自信。最后身体垮掉，生命也危在旦夕。因此，要克服紧张的心理，设法把自己从紧张的情绪中解脱出来。

鉴于这种情况，在西方已有很多家公司提出了至少一种紧张管理方案。它们包括从最普遍的控制饮用含酒精饮料，到建设体育锻炼设施、开设静思养神培训班的各种方案。例如美国纽约电话公司就要求所有雇员定期检查身体，并且给被有关紧张的问题所扰的人开设静思养神培训班。即使在国内你所在的单位并不实行缓减紧张方案，你也可以自己解决这一困扰。重要的是，要认识到，你是无法躲避紧张的。实际上，它是任何工作中都不可缺少的一部分，它随你工作压力的增大而增加，苛刻的任务期限和上司发脾气之类的事情都会对你产生压力。

虽然你不可能逃避工作紧张，但你可学会如何对付它。第一步是要在紧张刚产生的阶段就发现它。持续不断的头痛或反胃，表明你的紧张程度已很高。一旦你已体会到紧张，就得想法将它控制住。也许，你可以通过多吃些有益健康的食物或进行有规律的体育锻炼来进行自我调节。

而我们要有效地消除紧张心理，从根本上来说一是要降低对自己的要求。一个人如果十分争强好胜，事事都力求完善，事事都要争先，自然就会经常感觉到时间紧迫，匆匆忙忙。而如果能够认清自己能力和精力的限制，放低对于自己的要求，凡事从长远和整体考虑，不过分在乎一时一地的得失，不过分在乎别人对自己的看法和评价，自然就会使心境松弛一些。二是要学会调整节奏，有劳有逸。在日常生活中要注意调整好节奏。工作学习时要思想集中，玩时要痛快。要保证充足的睡眠时间，适当安排一些文娱、体育活动，做到有张有弛，劳逸结合。

当一个人已经出现了紧张的情绪反应时，该怎么调适呢？对于这种情况，人们习惯上常常会劝慰当事人："别紧张！""有什么大不了的！"而当事人自己也通常会这栏告诫自己："别紧张！""有什么了不起的！"然而，十分不幸的是，这种办法几乎是行不通的，实际上这会使人感到更加不安。因为这是在和自己过不去，在给你制造更大的紧张。正如有句话所说的"情绪如潮，越堵越高。"

心理学家认为，紧张是一种有效的反应方式，是应付外界刺激和困难的一种准备。有了这种准备，便可产生应付瞬息万变的力量。因此紧张并不全是坏事。然而，持续的紧张状态，则能严重扰乱机体内部的平衡，并导致疾病。所以我们应该学会自我消除紧张状态。

1. 松弛训练。在紧张的工作、学习之余，可以从事各种娱乐活动，调节自己的生活，松弛紧张状态。如果在工作、学习中遇到难题或必须完成的紧急任务，首先应该稳住自己的情绪，不必紧张，也不要急于求成，以免乱了方寸。进而要相信自己有能力，并对困难作冷静的分析，制订出必要的应付方案。此时，还可做些松弛性的自我暗示："事情再难、再急，也必须一步步去做，焦急紧张是无济于事的，一定能闯过难关，完成任务！"这样紧张会被驱散；而排解难题或完成任务时，成功又会成为良性刺激，使人的心理得以进一步松弛。

生活中万一遭到不幸或遇有突然的变故，往往会迅速进入强烈的紧张状态。这时松弛的妙方是保持镇静。其实，为了对付紧张情绪，人类也不断创造出各种行之有效的松弛技术，如西方的静默祈祷法，东方的印度瑜伽术，日本坐禅术和我国的气功、太极拳，以及现代的生物反馈训练技术等。

2. 适当安排计划。若所拟的工作计划不符合实际，便会受到挫折而引起情绪紧张。有的心理学家建议，在预订工作进度表中，可安排一小段"真空时间"。在这段时间，完全"真空"不预先安排任何事情。每次到这段时间时，可利用它来完成先前未能做完的事情，或是着手下一步工作。这样既有助于完成计划又能感觉到自己能支配自己的工作，内心较为轻松。

3. 真诚相处。在与别人交往中，应真诚坦荡，与人为善。虚伪不仅使人厌倦，而且自己也会因此而有不安全感，如不自觉地猜想别人会不会得知真相，猜想别人是否在背后议论自己，并为此惶惶不安，导致关系紧张。

4. 升华法。紧张的情绪也可予以升华，转用于学习或工作中。当情绪突然紧张起来时，往往精力特别集中，有可能把事情做得更好。而随着任务的顺利完成，内在的紧张也得以渐渐消失。

5. 我们还可以做一些放松身心的活动。具体做法是:①选择一个空气清新,四周安静,光线柔和,不受打扰,可活动自如的地方,取一个自我感觉比较舒适的姿势,站、坐或躺下。②活动一下身体的一些大关节和肌肉,做的时候速度要均匀缓慢,动作不需要有一定的格式,只要感到关节放开,肌肉松弛就行了。③做深呼吸,慢慢吸气然后慢慢呼出,每当呼出的时候在心中默念"放松"。④将注意力集中到一些日常物品上。比如,看着一朵花、一点烛光或任何一件柔和美好的东西,细心观察它的细微之处。点燃一些香料,微微吸它散发的芳香。⑤闭上眼睛,着意去想象一些恬静美好的景物,如蓝色的海水、金黄色的沙滩、朵朵白云、高山流水等。⑥做一些与当前具体事项无关的自己比较喜爱的活动。比如游泳、洗热水澡、逛街购物、听音乐、看电视等。

总之,作为员工,我们应培养开朗乐观、从容沉着的性格,对生活充满信心,随时消除工作生活里的紧张感,以充沛的精神和轻松的心情、冷静的心态从容应对工作中的挑战。

5. 平息你工作中的愤怒

当我们的目标无法实现或者感觉受到他人攻击时,大多数人会产生抵触情绪并因此而感觉愤怒。愤怒是正常的,而且应该表现出来,不能表达愤怒甚至压抑它可能导致精神紧张,最终产生抑郁。然而,如果在特定的时间、场合不懂克制地愤怒、发脾气,那么往往只会破坏气氛、损害事情,那么愤怒不仅会损害您的声誉和人际关系,还会引发与压力相关的疾病,甚至更糟糕的结果。

1965 年 9 月 7 日,世界台球冠军争夺赛在美国纽约举行。刘易斯·福克斯的得分一路领先,只要再得几分便可稳拿冠军了。就在这个时候,他发现一只苍蝇落在主球上,他挥手将苍蝇赶走了。可是,当他俯身击球时,那只苍蝇又飞回到主球上来,他在观众的笑声中再一次驱赶苍蝇。这只讨厌的苍蝇破坏了他的情绪。更糟糕的是，苍蝇好像是有意跟他作对，他一回到球台，它就又飞到主球上，引得观众哈哈大笑。

刘易斯·福克斯的情绪恶劣到了极点，终于失去理智，愤怒地用球杆去击打苍蝇，球杆碰动了主球，裁判判他击球，他因此失去了一轮机会。刘易斯·福克斯方寸大乱，连连失利，而他的对手约翰·迪瑞则愈战愈勇，赶上并超过他，最后夺走了冠军。

第二天早上，人们在河里发现了刘易斯·福克斯的尸体，他投河自杀了。

同样是愤怒，在2006年的世界杯决赛赛场上，法国球星齐达内，在加时赛的最后10分钟用头冲撞对方球员，用一张红牌为自己的世界杯生涯画上了句号，导致整个球队把冠军拱手让给意大利，当时他是由于受到对手挑衅才导致情绪失控的。如果没有冲动一撞，也许齐达内的谢幕会更加完美，然而他选择了简单粗暴的方式。这无论是对齐达内本人，还是对千万球迷而言，都是一个永远无法弥补的缺憾。所以不论遇到什么情况，都要保持冷静。

作为员工，你在工作中，是否也曾经遇到情绪失控、失去理智的时候？工作领域的确是一个怒火滋生地，想一想有多少时间是在工作场所中度过的？想一想我们在工作中，会遇到多少和自己价值观不同的同事、合作伙伴和客户？再想一想工作场所的竞争、合作关系可能导致多少误解、谣言以及矛盾？如果你在工作中失去冷静，为怒火所控制的话，可能就会带来恶果：丧失信用、人际关系恶化、压力增加，而这些，都是扼杀你职业生涯的潜在大敌。

在以下的场景中，你最可能失去控制：

被孤立——你不被自己的小组接受，你因此而发怒，这将会大大影响你的工作效率和情绪。

挑剔的老板——老板总是吹毛求疵，更糟糕的是当受到由老板而来的委屈，你甚至不能表达出来，只有在心里暗暗咒骂，这会让你和老板的关系越来越糟。

平庸老板——面对平庸老板，我们会感叹命运的不公平；而平庸老板的错误决策则会让你感到愤怒，因为容易让你白白浪费精力和时间。

没有得到应得的提升——面对这种不公正的待遇，很多人都采取消极的态度，暗自生气，或者开始怠工。

被同事恶意中伤——诽谤的力量非常强大，如果你不幸成为某次谣言的主角，那么，你将会在精神上和职业生涯上都受到极大的打击。

在我们漫长的职业生涯中，总会遭遇“有冤无处诉”的情景。愤怒将会是我们的第一反应。那么，我们应该如何对待自己的愤怒呢？职业专家们认为，让愤怒泛滥，你或者可以“逞一时之快”，但其后果可能是中断或者延误你正在上升的职业生涯。不过，如果走向另一个极端，认为任何不公平都是合理的，而努力压制自己，逆来顺受，到最后连愤怒的感觉都找不到的话，后果很可能是失去工作上的发展机会，职场生涯也将面临毁灭性的打击。

那么，你是爱愤怒的人吗？爱愤怒的人通常有以下几种原因。

1. 自私与自负。因为自私和自负，你会觉得任何人都不应该比你优秀，比你受到更多重视，而且你的意见也不应该被别人否定。正是因为你期待过多，所以很多正常的情境，你都会觉得不公平，因而感到愤怒。

2. 完美主义。当你为完美主义所控制时，将会时时刻刻都感到愤怒，因为没有人，包括你自己，都不能达到所谓完美的境界。而最终可怜的完美主义者很可能会愤世嫉俗，因为我们并没有生存在一个完美的世界上。

3. 偏执。在工作场所中，那些最讨人喜欢的同事总是那些灵活而能接受别人意见的人。而为偏执所控制的人，却总是在些小问题上与老板或同事争个你死我活，不但自己生气，还讨人厌，何苦呢？

那么我们又该如何克制愤怒呢？职业专家的建议是：告诉自己“这种情况很糟糕，但是我会学习如何去处理”。你需要学习找出可行的解决方法，而其基本原则就是，以保留工作为前提，控制自己，向愤怒开战。

克制愤怒，需要我们时常保持宽容和博爱的心胸，心胸坦荡阳光的人，才能脱离于愤怒的阴影里。如果一个人不能彻底改变自己常常仇视他人的弊病，就好像是戴着枷锁和脚镣攀登山峰，不仅不会取得成功，还极有可能掉入情绪的万丈深渊。

瑞典的罗纳先生，一直在维也纳从事律师事务，因为思乡心切，他回到了故乡。他认为，以他在国外多年的律师生涯，回到祖国找份工作是件轻松的事。他把从业简历投给了国内的几家法律咨询机构和律师事务所，希望谋取一份律师或者法律顾问的工作。

大多数单位都例行公事地回信说他们的单位已经满员，并不缺少他这样的法律人士。正在他十分失望的时候，他又接到了一封回信，信写得很长，一张公文纸都写满了。他很高兴，相信这一定是一份录用他的通知书。他满心欢喜地阅读起来："罗纳先生，你对目前国内法律界的认识完全是错误的，尤其是我们公司，最讨厌的就是像你这样在国外待了几年，就以为自己可以从容应对国内事务的人。你实在很愚蠢，你并不了解我们就邮寄来了个人的简历。可以告诉你，我们不会录用像你这样自以为是的人，即使准备录用国外归国人员，我们也不会雇佣你，因为你连起码的瑞典文都写不好，你的来信中充满了文法的错误，实在可笑！"

罗纳看完信，气得暴跳如雷。这个回信的瑞典人竟然说他的瑞典文写得不好，他应该可以从他的简历中了解到，他是毕业于瑞典学院的学生，瑞典文怎么能够不好？罗纳坚信，这是一个非常愚蠢无知的家伙，这个人才真正不懂瑞典文！他的回信才满是文法不通的低级错误。

罗纳立刻拿起笔回信，他决定要加倍地羞辱这个狂妄的人。不录用也就算了，他不能够容忍这种对他人格的侮辱。很快他就将回信写好了，他相信以他的犀利文笔，这个人看了信以后会气死。可是，当他准备将信投进邮筒的时候，他又犹豫了。他开始想，自己怎么判断人家说得不对呢？自己与人家素昧平生，人家仅仅是依据那封简历判断自己的，人家一定有自己的原则，或者说，那封信根本就不是一个人擅自回复的，是一个单位的意见。想到这里，他不禁为自己的冲动和愤怒捏了一把汗。幸亏没有把信邮寄走，不然，这个单位的人该怎么看自己。

回到家里，他静下心来，再次铺开稿纸。他这样写道："尊敬的先生，你们公司不需要我这样的人，还不厌其烦地回信给我，并细心指出我瑞典文方面的弱点，真是太感谢了，这将非常有利于我提高自己的瑞典文水平。我对于贵公司的了解不够，实在很抱歉和惭愧。我今后会接受教训，努力提高瑞典文水平，并加深对贵公司的了解和关注。最后，我万分感谢贵公司对我的帮助，并祝愿贵公司事业发达兴旺。”

把信投进邮筒以后，罗纳像做了一件非常重大的事情一样高兴。他感觉从来没有这样轻松过，面对一次侮辱，他却从中得到了收获和教益。

几天以后，一辆轿车停在了他的家门口，公司的董事长专程来接他到公司，他被公司正式聘用。原来，那封回信正是这个公司的录用试题。他们的理由是，如果一个人能够以宽容和博大的胸怀面对无端的侮辱，能够把仇恨化解为友谊，这个人面对一切都会从容应对。

愤怒只是情绪的一种，你完全能控制它。在很多时候，我们害怕愤怒会控制自己，所以，我们错误地认为，对付愤怒只有将愤怒扼杀这一种方式。结果，愤怒找不到出口，积聚起来，冲破了你修筑的防线，做出令你后悔万分的决定。我们应该了解，我们可以愤怒，但却不一定要表现出来。即使在愤怒的时候，我们也可以做出明智正确的选择。

1. 理清你的选择。是的，你很愤怒，正在生气，但是别忘记问自己：我还需要这份工作吗？这份工作的意义是不是远大于我此时所受的委屈？如果答案是肯定的话，那么让自己冷静下来，相信也不是太困难的事情。

2. 让幽默替代愤怒。在最初的怒火过去后，你已经平静下来了。这时候，什么也不做，让自己白白受到不公正待遇，埋藏在心底里的愤怒还是有些不甘心。来点幽默，对不公正来点“阿Q”式的嘲讽，不仅能让你的愤怒找到更好的出口，还会让笑声给你带来更好的人缘。心理学家认为，因为幽默和愤怒在心理上不能共存，所以幽默能有效地赶走愤怒。所以，当你感觉到愤怒的时候，不妨幽上一默，让那些始作俑者感受到你的智慧以及宽宏大量。

3. 学会原谅。当你受到委屈时，你最不愿意做的事情就是去原谅那些可恶的始作俑者。不过，即使他们并不值得你原谅，可是一旦原谅了他们，你就能为自己赢得心理上的优势和其他人的支持。当你学会原谅之后，你就不再会局限于自己所受的委屈、愤怒和失望上，也将能快速地从中走出来，更加坚强。

4. 让身心彻底战胜愤怒。

情绪上——大哭一场。酣畅淋漓的哭泣会让愤怒随着泪水消失。

心理上——说出你的愤怒。也许和一个好友，或者自言自语，说出自己的愤怒。当然到最后，别忘了给自己一点信心：我不会为愤怒所控制。

精神上——冥想可以帮助你。燃起香精油，将充满怒火的心平复下来，忘记一切不愉快，放下与人战斗的号角，现在你只需要注意自己的呼吸，将绷紧的弦放松一点、再放松一点。几分钟后，你就会足够冷静和客观分析问题的症结了。

生理上——发泄愤怒。你可以对着一个枕头猛打，也可以找别的出气筒，比如可以摔碎本想扔掉的废弃物，这会痛快极了。不过，更加节约积极的方法应该是去运动和健身。在跑步机上跑个半小时，让愤怒随着每一步从身体上流走。

歌德说："决定人的一生及整个命运的，只是一瞬间。"我们冲动愤怒的一瞬间，毁掉的不只是前程，有时候还有生命，所以我们遇事时，不妨多考虑一下后果，给自己一个台阶下，走下来想想。三思而后行的人生才是无悔的人生。

6. 与其沮丧抑郁不如主动改变自己

沮丧是现代社会中的一种极为普遍的病态表现，是面对工作与生活中的挫伤、压力、变迁与失望时的自然反应，它既不是一种行为，也不是意志力失败的结果，而是一种货真价实的情绪疾病。

每个人一生中都会不可避免地发生忧郁与悲伤，问题是这些情绪变得强烈并且持续的时间太长，便会长时间处于沮丧状态，如果不进行积极治疗，这种表现可以持续数年之久，甚至可能导致自杀。

沮丧的主要症状既有生理方面的，也有情绪、思维方面的。如：

1. 精神上持续忧郁,有烦躁感和空虚感,对生活失去信心;

2. 对前途悲观失望,有一种深深的负罪感,对生活失去信心,认为生活已毫无意义;

3. 不能接受外界的影响,对日常生活,包括性生活已无任何兴趣;

4. 严重的失眠,行为异常;

5. 精力不集中,记忆力衰退或优柔寡断;

6. 周身疼痛,平时有莫名其妙的哭泣等。

由此可见沮丧对工作与生活的严重危害了。现代员工的生活节奏紧张、工作强度很大,人与人之间常因忙碌而疏离,所以患有忧郁、沮丧等情绪问题的人越来越多。

某重点大学毕业的董明,身为年轻白领,似乎是人们眼中最不会沮丧的人。但实际情况是,他刚刚步入社会,收入较低,但期望值高,希望以后可以成为公司的高管,但现实和理想的差距很大。并且,在工作中竞争十分激烈,缺乏经验的他一切都需要摸索,这对于原本是"天之骄子"的他来说很难适应。加上自己的情绪控制能力比较欠缺,最近他常常沉浸在消极沮丧的情绪中无法自拔。

还有工作两年的员工张楠,由于入职以来与自己的上司、同事关系紧张,长期心情压抑。前不久又刚刚结婚、买房,仅仅几千元的工资还完房贷之后所剩无几,这更加深了他的痛苦。他说:"早晨站在拥挤的地铁5号线车厢,感到无比压抑,忽然有一种想打碎车窗玻璃的冲动。"由于不适应公司紧张、压抑的工作环境,不久以后他向人事部门提出了辞职的请求。

2007年7月18日,年仅26岁的华为员工张锐,在深圳梅林某小区的楼道内自缢身亡。进入华为只有60多天的他,生前曾多次向亲人表示工作压力太大,并两度想要辞职,为此父亲两度来深看望劝说。在父亲第二次来到深圳时,张锐选择了以这种方式与亲人告别,没留下一句话,身后只有因上大学欠下的5万多元债务。据传，张锐是不堪生活与工作双重重负而患上了抑郁症。

亲人亡故、夫妻反目乃至离婚、人际关系恶劣、事业受挫、失业下岗，等等因素都可能导致情绪沮丧，而情绪沮丧，多半情况下都无法受到重视，殊不知沮丧乃是忧郁的基底元素，日积月累的沮丧情绪，正是忧郁症产生的原因。有一个调查显示，30%的人认为抑郁不是病，无需治疗，注意自身调节就行；而60%的人则认为，抑郁症需要找心理医生，甚至通过药物治疗。专家们认为，随着人们生活压力的加大和工作节奏的加快，抑郁症的发病率会进一步增加。据世界卫生组织估计，我国每年有20万自杀，而其中80%的自杀者患有抑郁症。由此可见，沮丧情绪的负面作用永远不可忽视。

要摆脱沮丧，首先，我们要了解使自己沮丧的原因。要正确对待原因，从多方面、多角度去看待这个问题，发现其闪光的一面，抛却灰暗的一面，凡事要往好的方面去想，不值得的东西要尽力忘掉它。因为我们年轻，人生还有许多其他的事情等着我们去做，如果因为一点事情就灰心丧气，那么你将什么事也做不成，白白地浪费掉你的青春。人是因为有了挫折的磨炼，才不断的成长、成熟。

其次，摆脱沮丧，可以采用以下几个小窍门：

1.在生活中要笑口常开。要知道，一笑解千愁，笑能净化人的心灵，能使人心情舒畅，精神振奋，要真笑，从淡淡的微笑到爽朗的大笑。

2.大声朗读励志读物。充满感情地去朗读。选择一些能表达某种愉快心境的名著、名人故事、励志名言去阅读。

3.休息放松。在休息的时候，尽量做到两耳不闻窗外事，放松全身肌肉。

4.痛痛快快的大玩一次。约一些好友或同事或是去郊游或是去跳舞，或是打球、下棋，或是看一场幽默的电影，在笑声中、愉快中忘掉烦恼，最终转换心情。

5.穿着干净利落，增强自信。美好的仪表使人更愿接受你，并使自己增强信心。

6.元气恢复疗法。其原理就是“行动产生情绪”。具体说，在心情特别沉闷时，为了驱散它，就要爽朗行事，行动要有自信，不要愁眉不展，而要挺胸、扬眉、谈笑风生、考虑振奋人心的事，提起精神，驱散心头沉闷，直到实际上恢复元气。

7.自我调整法。人们常因思考方法不对，工作习惯、生活方式不良而屡遭挫折，感到沮丧。对自己的思考、行为习惯和生活方式进行适当调整，以使自己适应变化的环境，也能有效地治愈沮丧症。

8.色彩疗法。当一个人感到沮丧时，他会觉得眼前一片灰暗，一个沮丧的人若老是待在屋里，更会产生被禁锢的感觉。色彩疗法对沮丧患者能起到心理松弛的作用，有利于控制沮丧情绪。

培根说：“正如恶劣的品质可以在幸运中暴露一样，最美好的品质也正是在厄运中被显示的。”与其被动的沮丧，不如改变自己，改变世界，改变命运。看看下面这些人是如何面对沮丧人生的吧！

电影明星佛莱德·艾斯泰尔1933年到米高梅电影公司首次试镜后，在场导演给的纸上评语是，“毫无演技，前额微秃，略懂跳舞”。后来艾斯泰尔将这张纸裱起来，挂在比佛利山庄的豪宅中。

美国职业足球教练文斯·伦巴迪当年曾被批评“对足球只懂皮毛，缺乏斗志”。

哲学家苏格拉底曾被人贬为“让青年堕落的腐败者”。

彼得·丹尼尔小学四年级时常遭级任老师菲利浦太太的责骂：“彼得，你功课不好，脑袋不行，将来别想有什么出息！”彼得在26岁前仍是大字不识几个，有次一位朋友念了一篇“思考才能致富”的文章给他听，给了他相当大的启示。现在他买下了当初他常打架闹事的街道，并且出版了本书:《菲利浦太太,你错了》。

歌剧演员卡罗素美妙的歌声享誉全球。但当初他的父母希望他能当工程师,而他的老师则说他那副嗓子是不能唱歌的。

发表《进化论》的达尔文当年决定放弃行医时,遭到父亲的斥责:“你放着正经事不干,整天只管打猎、捉狗捉耗子的。”另外,达尔文在自传上透露:“小时候,所有的老师和长辈都认为我资质平庸,和聪明是沾不上边的。”

沃特·迪斯尼当年被报社主编以缺乏创意的理由开除,建立迪斯尼乐园前也曾破产好几次。

还有无数的成功者都曾有无比沮丧的时候,但是,沮丧远不能停止他们前进的步伐。世事无常,谁说命运天注定?不如顺其自然,放宽心态,放手一搏,其实一切困难与挫折都无须担心,无须沮丧,无须泄气,你只要做的就是做好自己,不留下任何遗憾和空虚,人生足矣。

7. 悲痛是人际与工作的深渊

长时间沉浸在痛苦中会让你身心俱疲。遇到特别悲伤的事情以后,人的一生可能会从此改变,迷失了自己,毁掉了健康。比如说,突然失去了最心爱的人,被上司责骂,人生理想受到挫折,道德上犯了自己都不可原谅的错误……你可能因此而对世界失去希望,梦想破灭,不知道生活还有什么意义。尽管悲伤痛苦的情绪很常见,但是长期保持这种情绪同样会带来毁灭性的后果。如心理方面的麻木(严重为休克)、多疑、失眠、嗜睡、健忘、意识混乱、孤僻、爱发火、无助感、孤独感、对人冷漠、怀疑人生等,强烈的悲痛甚至会引起惊恐发作或者抑郁症,甚至自杀。还有身体方面的影响,研究显示,人在极度悲痛的六个月的时间里,一般会生场病,易出意外事故,或者已有的慢性病突然恶化。常见的症状包括:身体虚弱、十分疲惫、说不清的疼痛感、对噪音过度敏感、口干舌燥、肌肉无力、恶心、消化不良、腹泻、头痛、生理功能失调、内分泌混乱、免疫系统变弱，容易得感冒或者其他传染病等。

这么一说，悲痛的情绪似乎成为万恶之源了。而对于企业员工来说，因为经常和不同的人打交道，悲痛的情绪影响到的绝不是我们自己的身心了，还有他人的情绪，公司的效益等。

有位妇女，因为丈夫去世，性情大变，经常眉头紧锁，表情呆滞，在办公室里也非常斤斤计较，只要有工作多一点点麻烦到她，她就立刻板起脸孔、绝不肯多帮一点忙；每逢休假，她也绝不愿与人换班，对自己的“权益”她守得很牢，工作时，她的情绪紧绷，但是只要一谈到孩子的时候才会开心一些，只有在这种时候，她才觉得自己“活着”，她对工作一点儿也不感兴趣。工作时，她的人生好像在一个空心的状态，老嚷嚷着：“要不是看在薪水的份上，我才懒得工作！”她所属的单位经历多次裁员，虽然考虑到她家庭的特殊情况，还没有裁到她头上，但她已经被列入下次的“优先名单”中了。

有一位男性说：我在职场已经工作了10年，可自己的事业却毫无成就感可言。但由于工作稳定，大家都很羡慕，我也就坚持了下来。可由于我不擅长人际交往，业绩平平，我越来越没有自信。一想到之后还要这样工作，我就非常痛苦，我觉得我的人生找不到任何意义，工作效率也一天比一天低下。

还有一个女白领这样描述工作给她带来的痛苦：我学的是秘书专业，毕业后在企业做行政管理。因为是本科毕业，月薪还不错，但我的工作能力和工作经验都不突出，唯一突出的是我的工作态度：认真、负责、努力、刻苦。老总对我这个“听话”的员工特别看中，位置和薪水处处宠着我，这让其他同事尤其是那些能力优于我的人极为不满。但碍于老总的威势不敢正面冲突，只有把一肚子的怨气都撒在我身上。高薪破坏了我和员工间的平等关系，我很快便成了同事们的众矢之的。老总退休前把我调到办公室做秘书，新上任的总经理对我的工作状态极不满意，他要求秘书不仅仅是整理资料和管理内勤，更多的是要参与到对外沟通，他希望我是个八面玲珑能说会道的“女人”。这样的要求不仅与我的性格完全不符，为了能保住这份薪水丰厚的工作，我只能硬着头皮干。每天上班要替总经理接无数个电话，遇到问题还要懂得随机应变，处理得当，否则，总经理就认为我的工作能力有问题，或者干脆问我是不是不适合这份工作。这还不算，8 小时工作之外，总经理还时不时要我跟他外出应酬。那些人喝到兴头就开始说荤段子，灌酒，你不喝还不行，总经理说这属工作范畴。但这样的场面让我太难堪了，我知道这是工作，但几次下来，我实在招架不住。总经理经常对我说，“一个秘书，每月 5000 多元的工资，如果连这些活都不会干，我这钱不是花得冤枉吗？公司要发展，应酬也是业务，公司不可能另外再高薪请一个专门负责应酬的秘书吧？”从公司的角度看，总经理的话是有道理的。无奈，我只能边干边学边忍耐，工作和薪水对我太重要了，我只好暂且把人格和个性放在一边，但更多的时候我常常无端地感到悲伤无助，直到有一次我终于在应酬时喝醉了酒大闹了一场，得罪了大客户，公司因此谈判失败，而我也因此被辞退了。

我们的人生，我们的工作和生活，不可能总是在快乐旅行的途中。我们会遭遇人生的各种不幸和不公平，但是把这种不幸和不公平所带来的悲痛再带到工作当中，那无疑是雪上加霜，火上浇油。说严重点儿，就是自作孽不可活，自作自受了。所以，当你觉得悲伤痛苦的时候，唯一要做的就是驱逐它们。那么我们如何才能尽快减少悲痛，或者化悲痛为力量，振奋精神，转变情绪，重新获得愉悦呢？

美国前总统林肯曾为大家开了一剂“良方”，他说：“悲伤的时候，工作就是良药。”为什么如此讲呢？

首先，因为工作是人生的强大精神支柱。也就是说，人生在世，工作是第一位的。什么叫工作？其实，工作就是劳动，工作就是创造，工作就是斗争，工作就是财富，工作就是润滑剂。唯有工作着，人才能快乐着，才能幸福着，才能不停地前进着。

其次，说明了人的本质就是奋斗。因为，有奋斗才能有作为。瑞典著名化学家、工程师诺贝尔说："没有工作简直受不了。工作使一切美化，思想能创造新的生命。"关于这一点，苏联作家奥斯特洛夫斯基讲得更坦率："我活着，就是因为我永远希望着怎样才能再做些工作。"

再则，说明了工作是人生价值的最有效、最直接的体现。人在顺利的时候，愉悦的时候，需要工作，工作创造了幸福和愉悦；人在悲伤的时候，在逆境的时候，同样需要的是工作，而且离不开工作。只有时时不忘工作，时时不离开工作，集中精力干事，埋头苦干工作，才能使人生感到满足和充实，才能在精神上得到最大的安慰。正如意大利著名艺术家、工程师达·芬奇所言："劳动一日，可得一夜的安眠；勤劳一生，可得幸福的长眠。"

所以，人在悲痛的时候，不要把这种情绪带到工作当中。相反，如果不去工作，而就会陷入悲痛的思考之中，结局只能是悲上加愁，愁上加痛，悲哀不止，难以自拔。这样不但自己不幸，而且还要连累别人。既然如此，在悲痛的时候我们何不去尽早转移焦点，积极努力地去工作呢？

而如果你的痛苦来自于工作，你又该怎么办呢？没有工作的人为寻得一份工作忙里忙外，而有工作的却因为厌恶职场，深陷苦海难抽身的也不在少数。有人因找不到工作苦恼不已，有人却因为有工作痛苦不堪。其实一份工作在别人眼里是好是坏都不重要，若真如此痛苦，不如干脆利落地抽身脱离。工作本就是为了能够幸福地生活，如果它令你痛苦，不要也罢。比如说律师和医生，这两个职业可是人人垂涎的金饭碗，但照样有人对此不屑一顾。一份工作有什么了不起？值得你为此紧抓不放，痛不欲生吗？真的没必要。若这份工作是你痛苦的根源，辞职走人又有何难？"舍弃这么好的工作，你是不是犯傻啊？"这些旁人的疑问，大可不必在意，只要安静地离开，做自己想做的事就好。

但是辞了这份工作真的就会幸福吗？这个问题值得探究。即便你另谋出路，怕是也难逃二度苦难的命运。更惨的是，一旦找不到新的落脚地，沦为无业游民，岂不更加郁闷？所以现在就要对自己有个明确的认识。不论是换一份工作,还是辞职玩乐,你的生活都不能有所起色的话,那么舍弃现在的工作,就不是解决问题的最佳选择。

其实,我们不该把注意力集中到“是否该放弃工作”这个问题上,而是应该在坚守岗位的同时,努力去消除我们在职场生活中的种种痛苦。我们该审视的,不是这份工作,而是我们内心“痛苦来自工作”的错误认知。二话不说先把工作辞了,然后再去追问自己之前苦痛烦闷的原因,大概只会追悔莫及。辞职的确是脱离苦海的计策之一,但却不是上上之策。因为你越是在踌躇难决时撂挑走人,就越有可能在不久的将来后悔不已。

所以个人的建议是,在目前的职位上再忍辱负重一些时候,同时从这一刻起开始修炼心性。试试看一边工作一边修行是否能使心灵获得安宁。而辞职一事,当你的内心完全平静下来之后再谈,也为时不晚。如此一来,即便最后结果仍是辞职走人,也能无怨无悔。

人们在悲痛中往往会茫然失措,在茫然失措时常常会做后悔之事,所以当悲痛降临时,在忙碌中的你首先要沉静,先琢磨,再去做某些决定。只有这样,你才能真正获得幸福,赢得自由。而不是被无尽的悲痛打垮。

最后,我们还要知道一些摆脱悲痛情绪的特别方法:

1.极限宣泄法

用极度宣泄的方式,把悲伤最大限度的释放。有些人心中装不了事,有伤痛就哭出来,就会很好。但有些人表面上很要强,把悲伤贮在内心深处,长期得不到释放,就会给自己的精神上造成重负,可能出现精神上的疾患。特别是男人,也不要担心哭出来会掉面子。无论是失亲之痛还是工作之痛,任何人都会理解的。所以,挫折或大难之后,心中有悲伤的人,一定要哭出来,不妨找个机会,既使是蒙在被子里,身心绝对自由地大哭一场。这样对情绪的调节很关键。

2.替代表达法

把悲痛的情绪转化成另外的一种动力,比如狂跑,或举重不止。真到自己体力耗尽,这样就可能最后哭出来。结合第一种方法,来一次极度宣泄。悲伤郁结得不到宣泄,则越堵越多,只要有所宣泄,就会减轻,宣泄得越彻底,那么减轻的越快。但有些人极度悲痛,却不容易表达出来。替代表达法，可以帮助他们实现宣泄。因为有些人的悲痛中还含有自责、自疚、自弃、自残的成分，用替代法，使宣泄水到渠成。

3. 倾诉交流法

把心痛讲给亲人朋友听，分担会减轻心灵的重负。许多经历过大灾大难、大风大浪的人，会陷入悲伤的沉默之中，不愿与人交流，既使是至亲的亲人，极好的朋友。但敢于倾诉，敢于把内心敞开的人，就会在理解中得到情感的分担。这样，就会防止抑郁成疾，特别是有同样经历的人，相互之间谈一谈，会减轻伤痛，对灾难的认识变得理性一些。人在交流之时，也就像开渠放水一样。

4. 活动减压法

多参加群体性活动，体味现实生活的鲜活。人在无事的状态之下，就容易胡思乱想，想得多了，也就想得严重了。人在工作或活动之中，会受到他人情绪的感染，慢慢地体味到现实生活的乐趣，从而无形之中忘记悲伤。

5. 自我关注法

活着，承受悲伤，但也会有另一面是积极的，也就是活着本身是美好的，活着真好。活着的人活得好，才会是对逝者的告慰，才会是对自己的负责。因而，有意识地强化这种意识，会很好地调节自我情绪。这样会给自己好好活下去提供足够的理由和信心，从关注亲人朋友转移到关注自我上来。

6. 灵魂升华法

生命是短暂的，面对灾难与挫折，生命更是脆弱的。但生命的价值和意义在哪？对于一个职场或人生的幸存者、一个经历了大浪淘沙后的人来说，直接的效应是感伤已然逝去和失去的人事物，但也会产生对他人遭遇的感同身受。这样就会有一种机会和可能，也就是化一己之悲伤为帮助他人的行动力量。这样的话，在帮助他人的同时，对生命的价值和意义，会有重新的认识，会得到升华。也就把悲痛化成了一种责任和力量。

总之，任何问题都有其根源，解决悲痛，首先要找到产生悲痛的渊源，然后对症下药，采取措施，方能药到病除。生活带给你的悲痛你不去化解，反而带到工作与生活当中，那么你就会成为悲痛的奴隶，把悲痛传递给更多人，害人害己。而对于工作带给你的悲痛，你不快乐也不辞职，只知道埋怨人生，甘愿悲痛；或者一感到痛苦就断然辞职，"头痛医头，脚痛医脚"，也不能从根本上解决问题。而我们要做的就是学会驱逐悲痛情绪，化悲痛为力量，唯有这样，你才能战胜人生，战胜自己。

第四章　摒弃不良习惯，认真负责提高效率

人并非生来就具有某些恶习和不良习惯，而是后天慢慢养成的。这些恶习会给我们的生活工作造成很大的危害，甚至影响我们的终生。每位员工都要各尽本分，紧守自己的岗位，才可以使工作顺利进行。就算只是一位员工的不良工作习惯，不仅影响自己的工作，也会引起同事之间的摩擦；如果你不采取相应的行动，纠正这些不良的工作习惯，甚至会妨碍整个公司的氛围，更别说影响你的职业发展。不良的工作习惯种类很多，包括不负责任、依赖他人、自由散漫、拖沓、懒惰等，克服它们，才能提高工作效率，鼓舞士气。

1.职场中没有任何借口

大多数人在做一件事情不成功或者被批评的时候,总是会找种种借口告诉别人,因为他害怕承担错误,害怕被别人笑话,或者只是想得到暂时的轻松和自我解脱。上班迟到了,可以说是因为堵车;工作干砸了,可以说是领导决策错误;客户不满意,可以说是对方过于苛刻;升不了职,可以说是领导偏心等。可以毫不夸张地说:借口就是一个掩饰弱点、推卸责任的"万能器",有多少人把宝贵的时间和精力放在了如何寻找一个合适的借口上,而忘记了自己的职责和责任。更为可怕的是,借口常常还是一张敷衍别人、原谅自己的"挡箭牌",容易扼杀人的创新精神,让人消极颓废。它更是鸦片,让你一而再再而三地去品尝它,逐渐地让你变得心虚、懒惰,遇到困难就退缩,最终丧失执行的能力。

有一位刚毕业的小伙子,被北京一家知名的报社录用了。但是,他有一个很不好的毛病,就是做事情不认真,遇到困难总是找借口推卸自己的责任。刚开始上班同事们对他的印象还不错,但没过多久,他的毛病就表现出来。上班经常迟到,和同事一同出去采访也经常丢三落四。对此,领导找他谈了好几回,但是,他总是以这样或那样的借口来搪塞。

一天,报社特别忙,有位热心读者打电话说在一个地方有特大新闻发生,请报社派记者前去采访。报社别的记者都出去了,只有他在,没办法,领导只有派他独自前往采访。没多久他就回来了,领导问他采访的情况,他说:"路上太堵了,等我赶到时事情都快结束了,并且已经有别的新闻单位采访了,我看也没重要新闻价值,所以就回来了。"

领导生气地说:"北京的交通是很堵塞,但是你不知道想别的办法吗?那为什么别的记者能赶到呢?"

小伙子急得红着脸争辩道:"路上交通真的很堵嘛,再说我对那里又不熟悉,身上还背着这么多采访器材……"

领导叹了口气，说：“既然这样，那你另谋高就好了，我不想看到报社员工不但没有完成报社交给他的任务，反过来却还有满嘴的借口和理由，尤其是我们新闻工作者，需要的是能够接到任务后，不管任务有多么艰巨，都能够想方设法完成，并且还比别人做得更好的人。”

在生活与工作中，像这位小伙子一样遇到问题不是想办法解决，而是找借口推脱的人并不少见。等待他们的永远是两个字——失败。一个成功者，是绝不会找借口来推脱，而是想办法来解决。

职场中，任何失败，都只有一个人可追究，那就是自己。职场如战场，成则王败则寇，是没有什么客观原因可找的。唯一的借口就是没有借口。犯了错误，坦率地承认，如果还有机会就积极改正，反而会给人留下好印象；相反，百般推诿，找这样那样的借口，很可能会适得其反。

许多借口的潜台词就是“这件事与我无关”，不愿承担责任，把本应自己承担的责任推卸给别人和外部环境。早在战国时期，孟子就尖锐地讽刺了这类心态的荒谬性。一天，梁惠王问孟子，为什么我国的百姓没有增加？孟子曰：国君必须负起责任，积极采取措施实行王政，让百姓不饥不寒、养生丧死而无憾；如果君王对百姓漠不关心，看见狗吃人吃的东西，这样奢侈的现象不去管，路边有饿殍不知道开仓救济，只是一味推托说“这不是我的责任，而是年景不好”，这跟杀了人说“这不是我的过错，是凶器的过错”有什么区别呢？

现代公司中这种寻找借口、推诿他人的现象屡见不鲜。这也是某些中国人的劣根性表现之一。我们经常可以听到或看到，有些部门的管理者在出现问题后总是说，“这是你们财务部如何如何”，“这是他们销售部如何如何”，等等，似乎公司的事都与他无任何牵连，无论如何都是别人的错。有一天，一个公司的董事长在管理人员培训班上就非常生气地说：“告诉我，你们是谁？他们是谁？公司又是谁？”大家一下子都愣住了。最后他说：在一个团队中，不应该有“我”与“你”或“他们”的区别！而应该站在集体的立场上积极主动地承担责任，为解决问题出谋划策。一个只会推脱责任的员工，不可能获得同事的信任和支持，也不可能获得上司的信赖和尊重。如果人人都寻找借口，无形中就给团队增加了沟通成本，削弱协调作战的能力。很多著名的管理案例，都是以没有借口作为背景的。

人们会在失败后寻找借口经常是和工作中没有全力以赴去争取成功相联系的，特别是当事情原本可以做得很好却没有做好的时候，人们为了掩饰失败的责任，总是喜欢拿各种理由搪塞。其实每一个冠冕堂皇的理由背后都有很多丰富的内涵，只是我们不愿意说出来，或者是从潜意识里我们就排斥它。美国西点军校里有这样一种广为流传的悠久传统，就是遇到军官问话，只有四种回答："报告长官，是！""报告长官，不是！""报告长官，不知道！""报告长官，没有任何借口！"除此之外，不能多说一个字。"没有任何借口"是西点军校奉行的最重要的行为准则，它强化的是每一位学员想尽办法去完成任何一项任务，而不是为没有完成任务去寻找任何借口，哪怕看似合理的借口。其目的就是为了让学员学会适应压力，培养他们不达目的不罢休的毅力。它让每一个学员懂得：工作中是没有任何借口的，失败是没有任何借口的，人生也没有任何借口。根据美国商业年鉴统计，二战后，在世界500强企业中，西点军校培养出来的董事长有1000多名，副董事长有2000多名，总经理、董事一级的有5000多名，什么"可口可乐"、"通用"、"杜邦"等有名的大公司的创始人都是他们培养的毕业生。任何商学院都没有培养出这么多优秀的经营管理人才。

日本的零售业巨头大荣公司中曾流传着这样的一个故事。两个很优秀的年轻人毕业后一起进入大荣公司，不久被同时派遣到一家赶型连锁店做一线销售员。

一天，这家店在清账时发现交纳的营业税比以前多了好多，仔细检查发现，原来是两个年轻人负责的店面将营业额多打了一个零。于是经理把他们叫进了办公室，当经理问到他们具体情况时，两人面面相觑，但账单就在眼前，一切都是确凿的。在一阵沉默之后，两个年轻人开口了。其中一个先解释，自己刚开始上岗，很紧张，再加上对公司的财务制度还不是很熟，所以在这时，另一个年轻人却没有多说什么，他只是对经理说，这的确是他们的过失，他愿意用两个月的奖金来补偿，同时他保证以后再也不会犯同样的错误。走出经理室,开始说话的那个员工对后者说:“你也太傻了吧,两个月的奖金,那岂不是白干了?这种事情咱们新手随便找个借口就推脱过去了。”后者仅仅是笑了笑,什么都没说。

从这以后,公司里出现了好几次培训学习的机会,每次都是那个勇于承担责任的年轻人获得。另一个年轻人坐不住了,他跑去质问经理为什么这么不公平。经理没有对他做过多的解释,只是对他说:“一个事后不愿承担责任的人,是不值得团队信任与培养的。”

一个优秀人才是不会推卸责任,任意找借口的。哪怕是失败了,他也会从失败中找出成功的新方法。

被人们誉为“软件皇帝”的比尔·盖茨,在他所著的书中说:“我们应该接受迅速的失败,而不是缓慢的失败,最不该接受的则是没有失败。如果有人从不犯错误,那么只说明他没有努力,没有费吹灰之力。”我们很害怕失败,因为我们常常会在失败后找借口,而成功者则不会,因为他们能在失败后得以成长。

优秀的员工从来不会给自己找任何推托失败的借口,他们会努力地完成任务,会在事先做好计划,会在工作中坚定不移地朝着目标前进,全力以赴地排除困难,不言放弃。世界著名的管理学家格兰特纳说过这样一段话:“如果你有自己系鞋带的能力,你就有上天摘星星的机会。”不要为自己的错误辩护,再美妙的借口也于事无补!不如把寻找借口的时间和精力用到工作中来,仔细琢磨下一步该怎么做。反过来说,面对失败,如果将下一步的工作做好了,失败可以成为成功之母,这样一来,失败的借口就不用找了。

成功的人永远在寻找方法,失败的人永远在寻找借口,当你不再为自己的失败寻找借口的时候,你离成功就不远了!

2. 浪费时间就是浪费生命和财富

有人计算过一个人一生到底有多少有效时间，假定人能活 70 年，除去睡眠、一日三餐、打扫卫生、走路、购物时间、聊天时间、看病、意外事故等时间，人一生的有效时间只有十余年。你也许会惊讶，但是短短的十年也足以让一个人拥有翻天覆地的变化：十年前，身高 1 米 6 出头的马云还是一个打工为生的年轻人，在北京一间 20 平方米的小房间里没日没夜地干活；十年前，40 岁的牛根生被公司炒了鱿鱼，因为年纪偏大，他郁闷地在各个人才市场转悠……十年后，他们都上了“财经”杂志的封面，成了企业界呼风唤雨响当当的人物。你也想要实现自己的人生价值吗？那么就不要浪费短暂的生命，在一生的有效时间里抓紧工作。时间就是生命，对于处于奋斗期的员工来说，浪费时间就是延误自己的成功。“时间就是金钱，效率就是生命”作为追求利益的企业里的员工，浪费时间更是浪费金钱。所以不要漠视时间，漠视时间就等于对自己的生命不负责，对自己的前途不负责，对企业的发展不负责。

在一个公司里，总会有一些人终日忙碌，每天都有令人焦头烂额的工作，忙得不可开交，但到了月末，领的薪水却是最少的那一份。

做任何事情都要明确你的目的，不要为了忙而忙，到头来白忙一场。现在问问自己为什么而忙？忙并不等于效率高，想要过有效率的生活是不需要多忙的——忙是没有效率的人的推脱之辞。

很多时候我们也跟这个邻居一样，整天忙着，最后还是白忙一场。如果你现在还在忙得没有头绪的话，尽快完成它或放下它，给自己画一个时间坐标。

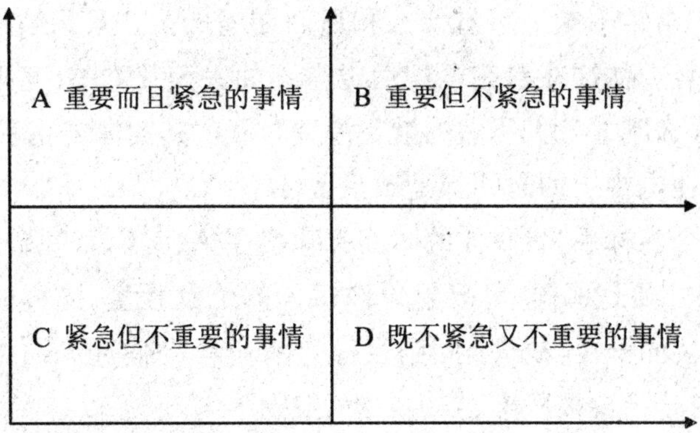

A 重要而且紧急的事情

这类事情是你当务之急。有的是实现你的事业和目标的关键环节；有的则与你的生活息息相关，它们比其他任何一件事情都值得优先去做。只有它们都得到解决，你才有可能顺利进行别的工作。

B 重要但不紧急的事情

这类事情要求我们具有更多的主动性、积极性和自觉性。从一个人对这种事情处理的好坏，可以看出这个人对事业目标和进程的判断能力。因为我们生活中大多数真正重要的事情不一定是紧急的。比如读几本有用的书、休闲娱乐、培养感情、节制饮食、锻炼身体等。这些事情重要吗？当然，他们会影响我们的健康、事业还有家庭关系。但是它们急迫吗？不。所以很多时候这些事情可以拖延一下，但若可以一直拖延下去，就会后悔当初为什么没有重视，没有早点着手重视解决它们。

C 紧急但不重要的事情

有这样的事情吗？当然，而且随时随地会出现。本来你已经洗漱停当准备休息时，忽然电话响起，你的朋友邀请你现在去泡吧聊天。你没有足够的勇气回绝他们，不想让你的朋友们失望，你去了，次日清晨回家后头晕脑涨，一个白天都昏昏沉沉的，你被别人的事情牵着走了，而你认为重要的事情却没有做，这会造成你很长时间都比较被动。

D 既不紧急又不重要的事情

很多这样的事情会在我们的生活中出现，它们或许有一点价值，但如果我们毫无节制地沉溺于此，就会浪费大量时间。比如，我们吃完饭就座下看电视，却常常不知道想看什么和后面要播什么。只是被动地接受电视发出的信息。往往在看完电视后觉得不如去读几本书，甚至不如去跑跑健身车，那么刚才我们所做的就是浪费时间。其实你要注意的话，很多时候我们花在电视上的时间都是被浪费掉了。

列出这个坐标后，看看你的时间都花费在A、B、C、D哪个区域里。

是A吗？要是那样，可以想象你每天的忙乱程度，这样做会耗费你巨大的精力。而一个又一个问题会像大浪一样向你冲来。要是经常这样，你早晚有一天会被压垮、焦头烂额、狼狈不堪。

要是C的话，你的工作效率就可想而知了。不要以为这些是紧急的事就认为它们也很重要。实际情况是，这些事情的紧迫性常常是由别人的轻重缓急来决定的，你始终在被别人牵着鼻子走路。

要是D呢？很遗憾，如果长此以往，你将一事无成。你既没有工作效率，也没有丝毫的工作成绩。它除了浪费了你很多时间以外，还证明你是一个不能自主的人。

只有在区域B，才是卓有成效的个人管理。尽管这些事不紧急，但它决定了我们的生活质量、受教育程度、品位涵养、工作业绩等。只有将大部分的时间放在“重要而不紧急的事”上，时间的管理才是最科学的，人生才是最成功的。

在风云变幻的市场经济中，效率就是胜利，如果我们不能有效安排好时间，那么就只能永远落后于他人。竞赛以快取胜，搏击以快打慢，军事先下手为强，商战已从“大鱼吃小鱼”变为“快鱼吃慢鱼”，跆拳道要求心快、眼快、手快。中华武学一言以蔽之，百法有百解，唯快无解。大而慢等于弱，小而快可变强，大而快王中王。快就是机会，快就是效率，快就是瞬间的“大”，无数的瞬间构成长久的“强”。

当今社会竞争的实质，就是在最短的时间内做最好的东西。人生最大的成功，就是在最短的时间内达成最多的目标。质量是“常量”，经过努力都可以做好以至于难分伯仲；而速度，永远是“变量”，最快的冠军只有一个，任何领先，都是时间的领先。我们慢，不是因为我们不快，而是因为对手更快。盛田昭夫说：“如果你每天落后别人半步，一年后就是一百八十三步,十年后即是十万八千里。”

贝尔在研制电话时,格雷也在研究,两个同时取得突破。但贝尔在专利局赢了,比格雷早了两个钟头。当然,他们两人当时是不知道对方的,但贝尔就因为 120 分钟而一举成名,誉满天下,获得了巨大的财富。谁快谁就会赢得机会,赢得财富。无论相差只是 0.1 毫米还是 0.1 秒钟,毫厘之差,天壤之别。在竞技场上,冠军与亚军的区别,有时小到肉眼无法判断。比如短跑,第一名与第二名有时相差仅 0.01 秒;又比如赛马,第一匹马与第二匹马相差仅半个马鼻子(几厘米)……但是,冠军与亚军所获得的荣誉与财富却相差甚远。全世界的目光只会聚焦在第一名的身上。冠军才是真正的成功者。第一名后面的,都是输家。

时间的“量”是不会变的,但“质”不同,所以我们应该让自己的每一秒都能够在质上得到飞跃。不要漠视时间,否则成功和财富也会漠视你。

3. 三心二意难免会两手空空

歌德说:“一个人不能骑两匹马,骑上这匹,就会丢掉那匹。聪明的人会把凡是分散精力的要求置之度外,只专心致志学一门,学一门就要把它学好。有许多庸人,他们为什么学无所长,碌碌无为?他们的突出特性就是难以专心致志。一个花很多时间去凿很多口浅井的人,又怎能挖出深井的甘饮?任何一件事完成起来都要花费相当的精力,人心无法一分为二,只有专心,解决问题才能最好最快。”

一个人如果想成就一番事业就必须专注,只有专注于一项事业,才能做出成绩。生活中最明智的事情就是精神集中,最坏的事情就是精神涣散,用心不专。一个用心不专的人,即使聪明绝顶,最终也只能是一事无成。

弈秋是史籍记载的第一位棋手,而且是位“通国之善弈者”。但就是像弈秋这样的大师,如果分心也会走错棋子。有一日,弈秋正在下棋,一位吹笙的人从旁路过。悠悠的笙乐，如从云中撒下。弈秋一时走了神，侧着身子倾心聆听。此时，正是棋下到决定胜负的时候，笙突然不响了，吹笙人探身向弈秋请教围棋之道，弈秋竟不知如何对答。不是弈秋不明围棋奥秘，而是他的注意力此刻不在棋上。

大凡三心二意者总是偏离他们最初的目标越来越远，凡事不深入，不坚持，失败也就在所难免了。而古往今来，但凡能成功者，都有一个共同的特质，那就是专注。爱迪生成功发明灯泡，缘于他专注于寻找灯丝，专注于实验；微软帝国的建造缘于比尔·盖茨专注软件的开发……成功的关键不在于涉足多少，而在于我们把某一方面做精做细。而要做到这一点，就需要专注精神。专注是成功的关键。

汇源集团董事长朱新礼说："我们身处信息膨胀时代，人难免浮躁，大家要专心做好一件事。""只要是专心专注，成为行业里的专家，就是创富英雄。"朱新礼的创业理念是，当兵当得好，是"兵王"；种菜种得好，是"菜王"。包括修表、修鞋、修车、端盘子都有做得最好的；汇源会专心致志做果汁，做这个领域内的王。市场上的诱惑和机会很多，但是如果总想着今天造汽车，明天做房地产，或者一会儿又去生产碳酸饮料，肯定无法成功。因为朱新礼的专注精神，汇源用16年缔造了果汁健康产业。

朱新礼最大的信心来自于16年来对果汁市场的专注态度。

这些年来，朱新礼对自己所从事事业的专注已到了痴迷的程度。据说有一次为了赶时间，朱新礼竟然从办公室的玻璃门穿破而过，玻璃碎了，幸好人没事；大白天走路竟也掉进了一米多深的下水道，因为思想太专注了。

16年来，汇源的主业始终是水果加工，产品包括浓缩汁、果蔬汁和果蔬汁饮料。朱新礼认为，对于果汁的高端市场，汇源已形成了完整的产业链，这是汇源的核心竞争力，是竞争对手所不具备的。

但是，专注是需要时间、耐力和眼光的。整个果汁产业链不仅涉及的环节多，而且耗费的时间长，比如说果树的挂果至少需要几年时间。仅这一项，没有 5 至 10 年的工夫都不可能达到的。

目前，从源头上，汇源已在全国链接了 300 多万亩优质水果生产基地，包括河北的草莓、山楂基地，山东的苹果、桃基地，三峡库区的柑橘基地……形成了一条包括果农、果园、果浆、浓缩果汁、果汁、品牌、销售渠道等众多环节的完整产业链，可以确保从水果种植、生产到加工，从研发到销售网络，每个过程都在自己的严格掌控之中。

专注还保证了企业研发和品质控制的水平。“要做就做最好的”，这就是汇源朱新礼的理念。在研发、生产、品控、销售等各个环节，汇源都实施全过程质量监控。特别是在生产设备上，起步阶段就选用了可最大限度保留水果营养成分、口味和色泽的、目前国际上最先进的无菌冷灌装生产技术。虽然一条这样的生产线价格高达上亿元人民币，但朱新礼不惜巨资陆续引进十几条。最好的设备、最严格的要求、最系统的各环节的控制、最好的产品，这些都是朱新礼的底气。

朱新礼的专注得到了越来越多的关注和认可，百事可乐、可口可乐、统一、康师傅等外资企业都对果汁项目加大了投入，可口可乐甚至对朱新礼的专注分外眼红，一心要将汇源果汁收入麾下。

每一种成功都是缘于专注，因为专注，只有把事做好，做完美了，才会得到消费者的认可、信赖。汇源的成功也正是因为朱新礼的专注精神的投入。专注是成功的基础，腾讯的成功也亦然。

短短 10 年，马化腾的 QQ 世界里有令人咋舌的 3 亿用户，全世界的任何一个网络服务商，都觉得有些不可思议，可腾讯做到了。QQ 已经成为一个“王国”。不过在马化腾眼里，用户过亿和日均 39 万的增长量已经不再具有多少吸引力。他更注重的是用品牌塑造文化。马化腾是应该觉得骄傲的，因为人们在看待 QQ 的时候，更多的是当作文化事物来看待的。

“看似寻常最奇崛，成如容易却艰辛。”仿佛在一夜之间，腾讯的那只小企鹅便风靡大江南北，改变了数千万人的沟通习惯，甚至创造了一种文化，创造了一种新的营利模式。一切似乎都是信手拈来，马化腾的成功难道只是一次因缘际会，抑或是一场无心之得？

在全球经济一体化、中国经济腾飞的如今，什么没有可能呢？问题不在敢不敢去想，而在肯不肯，认准目标，脚踏实地，一步一个脚印地去做。

"他是一个专注的人"，几乎所有业内伙伴提到这位才三十几岁的老板，都会说到"专注"。在"三五月"热点便会轮流转的网络界，腾讯5年都在做而且只做完善和规范QQ服务的工作，是国内唯一专注从事网络即时通讯的公司。

"专注做自己擅长的事情"，现在已经成为腾讯企业文化；马化腾的认真和专注更成了腾讯人最可信赖和依靠的支柱。

专注使马化腾不受别人左右，也看得更深更远。在腾讯之前，做相似事情的企业没有一个能够养活自己，更不用提发展壮大；即使放眼全球，也没有哪一家IT运营商像腾讯这样将自己的命运吊在即时通信这一条线上，更没有哪一家企业像腾讯这样走到与移动运营商合作这一步。马化腾坦言腾讯在产品的开发和软件功能设计上，参考过国外的同类产品，"但这种与多方有实力企业携手合作的商业模式，我们也是自己一路探索过来的。"在马化腾看来，专注与合作是互补的两方面，专注并不代表硬着头皮撞南墙，"在前进的过程中，发现机会就要立刻把握它，要有敏锐的市场感觉，这种变化给过我们压力，却也是我们成功的契机。"

"骐骥一跃，不能十步；驽马十驾，功在不舍。"每一个人的成功，都是靠专注精神而缔造的。马化腾曾经坦言希望"专注做自己擅长的事情"的企业精神长期保持下去。马化腾深知，一个人、一个企业如果有了专注便有成功的契机，有了专注便有了成功的基础。

做事情，目标不要太多太乱，认准了一件事情，投入兴趣与热情坚持去做，你才会成功。一个人想要成功，都得给自己制订一个奋斗目标。有了目标才有专注的可能，才会激发出专注的激情。三心二意只能让理想归于无尽的白日梦中。

4. 懒惰的人无可救药

在我们的现实生活中,多数人天生是懒惰的,都尽可能逃避工作。他们大部分没有雄心壮志和负责精神,宁可期望别人来领导和指挥,也不肯个人奋斗,就算有一部分人有着宏大的目标,也缺乏执行的勇气。

等着天上掉馅饼,总想不劳而获是懒惰的真实写照。英国作家伯顿说:"懒惰是一种毒药,既毒害人们的肉体,也毒害人们的心灵。"懒惰还被视为万恶之源,是滋生邪恶的温床,是七大致命的罪孽之一,它是恶棍们的靠垫,是魔鬼们的灵魂。一条懒惰的狗都会遭到主人遗弃,一个懒惰的人会遭到时代的唾弃,一个懒惰的民族也难以强大。

亚历山大征服波斯人之后,他注意到波斯人生活懒散,厌恶劳动,只讲享受,惰性十足。他说,不是我打败了波斯人,而是他们自己打败了自己,没有比懒惰和贪图享受更容易使一个民族衰落的了,也没有比辛勤劳动的民族更高尚的了。一个民族惰性十足,也就无可救药了;一个人如果惰性十足,这个人也就完蛋了。因为,劳动进化了人类,劳动改造了世界,劳动净化了灵魂。如果一个人厌恶劳动,惧怕艰苦,就不能创造物质来供自己享用,就更谈不上事业成功了。

懒惰可以毁灭一个民族,要毁灭一个人更是轻而易举。一个人一旦懒惰成性,就会成为一个精神沮丧、无所事事、浑浑噩噩的人。懒惰的人不可能成为事业成功者,他们只是社会财富的消费者而不是社会财富的创造者。

有一个做任何事都嫌辛苦的人。他做过的每种工作,都没有超过十天,父亲为之担心,于是四处打探工作机会。

很久后的一天,一位朋友带来佳音。他为这年轻人找到了一份非常轻松的工作:年轻人什么都不必做,只要每天坐在椅子上,就算完成了这一天的工作。这工作是墓地看守人。父亲觉得这个工作合适极了,因为只要每天坐在椅子上，就算完成这一天的工作。这对于懒惰的儿子来说，是再合适不过的了。

可是谁也没想到，三天之后，年轻人又失业了。父亲以为实际的工作内容与先前所说的不同，便问儿子是否因为这是一份辛苦的工作而辞职，年轻人对父亲说："世伯说的没错，我只要坐在椅子上就可以了。可是，我觉得事情太不公平了，整座墓地的人都躺在那里，只有我坐着，这太辛苦了！"

天下没有免费的午餐，一分耕耘换来一分收获，谁都想悠闲着而衣食无忧，谁都想不劳而获，但那只不过是一个幻想。那些思想贫乏的人、愚蠢的人和慵懒怠惰的人，只注重事物的表象，无法看透事物的本质。他们只相信运气、机缘、天命之类的东西。看到他人知识渊博、聪明机智，他们就说："那是天分。"发现有人德高望重、影响广泛，他们就说："那是幸运。"看到人家发财了，他们就说："那是命运！"

哲学家罗素说："真正的幸福绝不会光顾那些精神麻木、四体不勤的人，幸福只在辛勤的劳动和晶莹的汗水中。"懒惰会使人们精神沮丧、万念俱灰；只有劳动才能创造生活，给人们带来幸福和欢乐。

任何人只要劳动，就必然要耗费体力和精神，劳动也可能会使人们精疲力竭，但它绝对不会像懒惰一样使人精神空虚、精神沮丧、万念俱灰。因此，一位智者认为劳动是治疗人们身心病症的最好药物。马歇尔·霍尔博士认为："没有什么比无所事事、空虚无聊更为有害的了。"

比尔·盖茨引用斯坦利·威廉勋爵的话告诉自己的员工说："一个无所事事的人，不管他多么和气、令人尊敬，不管他是一个多么好的人，不管他的名声如何响亮，他过去不可能、现在不可能、将来也不可能得到真正的幸福。生活就是劳动，劳动就是生活……"

在习惯中最有害的莫过于懒惰，世间不知道有多少因为懒惰而悲剧重重。懒惰可以让一个天才变愚蠢，可以让一个富人走向贫穷，可以吞噬人的健康。

但是，我们为什么要懒惰而不是勤勤恳恳地工作呢？因为懒人没有生活目标和工作理想，所以他们也便缺乏奋斗的动力了。如果你是一个有理想有信念的人，如果你在奋斗的路上，什么艰难险阻也无法使你轻易停止前进。

比尔·盖茨的财产净值大约是466亿美元。如果他和他太太每年花掉1亿美元，他们至少也要466年才能够用完这些钱。这还不算这笔巨款所带来的巨大利息。那么，你知道他为什么还要每天工作吗？斯蒂芬·斯皮尔伯格的财产净值为10亿美元，虽然不像比尔·盖茨那么多，不过也足以让他的余生享受优裕的生活了，为什么他还要不停地拍片呢？美国VIACOM公司董事长萨默·莱德斯通在63岁时着手建立庞大的娱乐商业帝国。63岁，在多数人看来是颐养天年的时候，他却在此时做出了一个重大的决定，让自己重新投入到工作中去。而且，他的一切都围绕着VIACOM转，工作日和休息日、个人生活与工作之间没有任何界线，有时候甚至一天工作24小时。他从哪儿来的这么大的工作热情？

类似的例子还有很多。那些拥有巨额薪水的富翁们，不但每天继续工作，并且相当卖力，精力充沛。他们为何要这样做？是为了更多的钱吗？萨默·莱德斯通是这样解答的："实际上，钱从来不是我的动力。我的动力是对我所做的事的热爱，我喜欢娱乐业，喜欢我的公司。我有一种愿望，要实现生活中最高的价值，尽可能地实现。"因为他们还有愿望，还有目标，所以即使挣够了钱，他们还乐此不疲地辛勤工作。

世界上没有懒惰的人，只有缺少明确目标的人。一个人的目标可大可小，可远可近，也可以调整和改变，但一个人不能没有目标。没有目标就会失去生活的动力，进而走向懒惰。或许会有人说，世界上没有几个人没有目标，但是世界还是一种有目标而懒惰的人。确实，为什么会这样呢？因为他们缺乏明确的目标。

日产汽车公司的销售员中有个叫奥城良治的，16年中，他一直保持着销售冠军的头衔。他曾宣布：一天要跑100个客户。那么，100个客户该从哪里找呢？

如果白天去拜访居民区，大都只有女主人在家，向她们销售汽车成效不大。于是，他先拜访白天正常作息的公司。但是，尽管他白天使尽浑身解数，辛勤地开拓市场，在下午6点钟过后，所有的公司都已经下班。假设这时他已拜访了80位客户，仍有20位客户没找到。

然后，他就算准男人回家的时间去居民区拜访，可是到晚上八九点钟以后，客户就不欢迎销售员去打扰了。于是，奥城先生就到商店街继续寻找客户。

即使这样马不停蹄，到晚上11点可能还有10个客户没有着落。这时，他就去咖啡厅、餐厅或其他深夜还在营业的场所。

即使如此，到凌晨1点可能还差5位客户。怎么办呢？他在心里告诫自己："如果现在回去，明天就要拜访105位客户，这样下去会越积越多。无论如何，今天必须再拜访5个客户。"然后，他居然跑到警察局，向警察去销售汽车。

就是凭着这样的精神，奥城先生每天拜访100个客户，最后取得了巨大成功。

奥城良注为什么有这样的工作激情呢？因为自己定下了明确的目标——每天固定拜访100个客户，所以他将自己的精力完全投入到了目标上，自然所有的机会就会蜂拥而来。因此我们不仅仅要有宏大的目标，更要明确目标，做到今日事今日毕。而懒惰者总是拖拉，今天推明天，明天推后天，致使一事无成。

对一位渴望成功的人来说，拖延最具破坏性，也是最危险的恶习，它使人丧失进取心。一旦开始遇事推脱，就很容易再次拖延，直到变成一种根深蒂固的习惯。习惯性的拖延者通常也是制造借口与托辞的专家。如果你存心拖延逃避，你就能找出成千上万个理由来辩解为什么事情无法完成，而对事情应该完成的理由却想得少之又少。把"事情太困难、太昂贵、太花时间"等种种理由合理化，要比相信"只要我们更努力、更聪明、信心更强，就能完成任何事的念头容易得多。那么，我们应该如何克服懒惰呢?”

1.要认识惰性的危害。如果一个人不了解一件事物的危害,怎么可以去自觉地拒绝呢?

2.检查自己的惰性有什么表现,并分析产生的原因,对症下药。

3.根据实际能力,科学合理地制订计划并安排时间。如果好高骛远,或者过分苛求自己,就会往往因不能实现计划而使自己的信心受到打击,消磨意志,养成惰性。

4.今日事,今日毕;言必行,行必果;切莫待明朝,万事成蹉跎。

最后,克服懒惰,我们还应锻炼我们的意志。一个人如果没有与困难作斗争的顽强精神,没有坚强的意志,就必然会为惰性找到借口。要经常检查自己,督促自己,克服自身的惰性、动摇性,养成不畏艰险,不向困难低头的坚韧性格,要以彻底的自觉性严格要求自己。只有那些真正懂得人生的价值和意义,把生活看做是一种责任、一种使命、一种创造的人,才能真正自觉地鞭挞自我,克服惰性。

5.半途而废让你前功尽弃

人不能成功,多半因为半途而废。很多人一件事坚持了一段时间,后来发现努力没有多少回报,似乎也看不到好的结果,即使之前消耗了多少时间与精力还有青春,还是选择了放弃,这不得不说非常可惜。古人说:“锲而不舍,金石可镂,锲而舍之,朽木不折。”意思是:“不能坚持到底,即使是朽木也不能折断。只要坚持不停地用刀刻,就算是金属玉石也可以雕出花饰。”如果没有实现目标前就轻易放弃,那么你就会“朽木不折”,更有能“朽木不可雕也”。一个半途而废的人,永远不可能成功;而成功的人,决不会半途而废。

东汉时,一名叫乐羊子的男子在路上拾到一块金子,回家后把它交给妻子。妻子说:“我听说有志向的人不喝盗泉的水,因为它的名字令人厌恶；也不吃别人施舍呼唤过来的食物，宁可饿死。更何况拾取别人失去的东西，这样会玷污品性。”乐羊子听了妻子的话，非常惭愧，就把那块金子扔到野外，然后到远方寻师求学。

一年后，乐羊子归来。妻子问他为何回家，乐羊子说：“出门时间长了想家，没有其他缘故。”妻子听罢，操起一把刀走到织布机前说：“这机上织的绢帛产自蚕茧，成于织机。一根丝一根丝地积累起来，才有一寸长；一寸寸地积累下去，才有一丈乃至一匹。今天如果我将它割断，就会前功尽弃，以前的时间也就白白浪费了。”

妻子接着又说：“读书也是这样，积累学问，应该每天获得新的知识，从而使自己的品行日益完美。如果半途而归，和割断织丝有什么两样呢？”乐羊子被妻子的话感动，于是又去完成学业，直到完成学业才回家。

半途而废者大都因为遇到困难或挫折。但如乐羊子的妻子所说，如果半途而废，就如同将织布的丝割断，以前所有的努力都白费。一个人只有不断地积累知识，才能趋于完美。人生本就是一个不断遇到问题、解决问题的过程，没有理由可以让我们停止前进。如果一个人因为遇到问题就放弃，那么他的人生也是就此而画上句号，所以只要我们坚持就一定能走向成功。

有一位熨衣工人住在拖车房中，周薪只有 60 美元。他妻子上夜班。虽然夫妻俩都工作，但赚到的也只能勉强糊口。孩子耳朵发炎，他们只好连电话也拆掉，省下钱去买抗生素治病。

这位工人希望成为作家，夜间和其他空闲时间都不停地写，打字机的“噼啪”声不绝于耳。他的余钱全部用来付邮费，寄原稿给出版商和经纪人。

他的作品全给退回了。退稿信很简短，非常公式化，他甚至不敢确定出版商和经纪人究竟有没有看过他的作品。

一天，他读到一部小说，令他记起了自己的某本作品，他把作品的原稿寄给那部小说的出版商，他们把原稿交给了出版商汤姆森。

几个星期后，他收到汤姆森的一封热诚亲切的回信，说原稿的瑕疵太多。不过汤姆森的确相信他有成为作家的希望，并鼓励他再试试看。

在此后18个月里，他再给编辑寄去两份原稿，但都被退还了。他开始试写第四部小说，但由于经济拮据，生活窘迫，他准备放弃希望。

一天夜里，他把原稿扔进垃圾桶。第二天，他妻子把它捡回来。“你不应该半途而废，”她告诉他，“特别是在你快要成功的时候。”

他瞪着那些稿纸发愣。也许他已不再相信自己，但他妻子相信他会成功。一位他从未见过面的纽约编辑也相信他会成功。因此每天他都写1500字。

写完了之后，把小说寄给汤姆森，他以为这次又准会失败。可是他错了。汤姆森的出版公司预付了2500美元给他。

这个人就是史蒂芬·金，经典恐怖小说《嘉莉》诞生了。这本小说后来销了500万册，并摄制成电影，成为1976年最卖座的电影之一。

没有人能一步登天，失败是不可避免的，但只是暂时的。只要我们不因为暂时的失败半途而废，尤其是在快要成功的时候，再坚持一下，就会拥抱成功。

一位65岁的上校退役后生活不很富裕，可他不愿向命运低头。他想到自己有一份很有价值的炸鸡秘方，可以卖给餐馆。整整两年时间，在他被拒绝1009次之后，终于听到盼之已久的一声“同意”。这个执著的老人叫桑德斯，就是肯德基的创始人。现在，美国肯德基国际总公司繁衍的“子嗣”多达9900多个，遍布60多个国家和地区。

半途而废只能让自己站前成功的面前，悔恨自己没有再向前迈一步，我们应该像桑德斯上校一样乐观、坚守，哪怕是被拒绝了1009次，或许下一次就会成功。

苏格拉底说：“世间最容易的事是坚持，最难的事也是坚持。说它最容易，是因为只要愿意做，人人都能做到；说它最难，是因为真正能做到的，终究是极少数人，只要方向正确，成功有一个知易行难的奥秘，那就是：坚持、坚持、再坚持。”把微不足道的小事坚持一亿次，你就成功了，而一旦半途而弃，你做什么也成不了气候。

一个孩子问一个亿万富翁：“你是怎样成为亿万富翁的？”

“一元钱一元钱地赚呗，当你重复一亿次时，就自然成为亿万富翁了。”翁回答道。

“挣一元钱并不难，可是怎样坚持一亿次呢？”小孩接着问道。

“你可以不去想一亿次，想得太多反而会增加你的心理压力，让你觉得挣一元钱也是那么遥不可及。你挣钱的时候只是想着这是唯一的一次。既然是唯一的一次，你就一定把它挣来。挣来这一元钱后，再去挣下一个一元钱。时间一长，你会发现，自己拥有的财富是许多个‘一元’，你会从自己去的成绩中得到信心。那时候，你的财富就不是一元一元增加，而是一万一万，甚至是百万百万地增加了。”

富翁所说的正是挣钱的真谛，更是做事做人的真谛。世界上所有的伟业，都是由微不足道的小事积累而成的。做成一件事并不难，难的是坚持，持之以恒。每一个成功都是通过成就一件件小事而来的。

1983年的一天，在纽约帝国大厦下聚集了无数的记者与围观的人，人们的目光一动不动地聚集在大厦外部墙面上的一个年轻人身上。

这个人就是美国的伯森汉姆，他正在徒手攀爬这座三百八十一米高的大厦。攀爬中，他好几次险些从墙上滑落，围观的人发出阵阵惊呼，人们都劝不要再继续这危险的行为，他摇摇头，稍休息，又向上攀去。

最终，他成了此项吉尼斯世界纪录的创造者，赢得了“蜘蛛人”的美誉。其实，伯森是一个恐高症患者，这让人们常惊讶，以至无法想象。

伯森对记者的疑问是这样回答的：“打算一口气儿跑完一百公里也许需勇气，但是走一小步是不需要太多的勇气的。把自己的每一步都看作起点，接着第二步，第三步……最终就能成功了。”

所有创造奇迹的人，凭借的都不是一时的勇气，而是把最初的勇气坚持到最后，只有做到最后的人，才能笑到最后，也只有笑到最后的人，才能成功。英国文学大师约翰生也说“成大事不在于力量的大小，而在于能坚持多久”。

其实不论大事还是小事，坚持是最基本的。就如写作，如果半途而废，那就只能称玩玩；又如行善，如果半途而废，反被称为伪善；又如创业，如果半途而废那就只能成为败家子。生活无小事，工作更无小事，事事贵在坚持，如果不能坚持，就会产生挫折感，就会对工作和生活失去信心，失去动力。把每一件微不足道的小事坚持做“一亿次”，把每一件大事分解成小事一件件完成，永不放弃，我们就会成为精神和物质的富者。

6. 依赖别人让你成为命运的“寄生虫”

我们一直都把“在家靠父母，出门靠朋友”奉为至理名言。确实在如今这样一个相互扶持的社会，没有一个人可以不依靠别人而独立生活。但是我们更需要知道，靠天靠地不如靠自己，这个世界上没有一个人可以永远成为我们的依靠，即使是自己的父母。我们若想在激烈的竞争中立于不败之地，任何时候都不能丧失自强自立的生命支点，一味地依赖别人只会让自己成为乞丐。

董丽前不久通过一家知名广告公司的面试，来到公司更是惊喜地发现，一位关系不错的师姐也在这儿。由于比自己早两年进公司，董丽在心里早把师姐当做“亲人”了。她和师姐一个部门，做的是广告的网络传播。考虑到她们出自于“同门”，主管把她们分在一个组，希望董丽在工作上能够尽快上手。师姐也非常愿意带她，因为了解她，觉得带一个熟悉的人比较省心。

后来，董丽的工作状态渐渐让师姐有些吃不消了。她只能按照师姐给她布置的任务做一些网页设计工作，让师姐更头痛的是，董丽甚至每选一种颜色或者字体，都要师姐事先做好安排，否则董丽就没信心做下去。原来，刚上手时一两次的失败，使本来就有很强依赖心的董丽觉得，师姐决定的就一定是好的，而自己的选择肯定会被主管打回来重做，干脆一切就都让师姐安排好了再做吧。

初入职场的朋友都有这样的感觉，好不容易找到一份称心的工作，每天加倍努力，尽力完成本职的工作任务，但是往往却不尽人意，这其中的原因大多是由于对职场了解不深，工作方面熟悉度不高，再加上有"资深"同事指导培训，甚至帮助的情况下，很容易产生依赖性，从而给同事一种不成熟，不能独立工作的感觉，这时依赖人的问题。

工作上对人的依赖，主要是讲，本身已经是职场人士，在工作方面，对同事产生的依赖。人，都有一种"待哺"的天性，在有"高人"帮助的时候，总不会主动地去解决问题，只等待着"高人"的辅导与提醒，对工作缺乏责任感，很被动，哪些该做不该做，该学不该学，不会主动考虑。

举几个简单的例子：如果上级领导让你去统计一些数据，与同期或上期的数据做比较，并做简单的分析。你可能是第一次填写，或许以后你一直都要填写。这样一个问题摆在面前，说简单其实也有很多细节。是先自己考虑怎么填写，还是一接到任务就问同事怎么做，甚至请同一岗位的同事帮忙做，数据是自己可以从旧报表中收集而来，还是你认为必须有现成的整合数据你才可以做，甚至数据报表的格式是根据需要调整删改优化，还是采用旧的有很多冗余不合理的格式（尽管很不好操作）。这几个问题，据观察大多数人都会都是选择后者，这就是依赖。

摆脱对人的依赖其实很简单，就是心态的问题，要以一种"尽量自己动手解决问题"的心态工作。当然，为了效率的问题，我们应该请教同事，吸取经验，充分利用现在的资源，这是无可厚非的。因为不管三七二十一问都不问，全都自己"新建"对工作有害无益。

我们要提倡同事之间的合作，在确实需要帮助的时候要请教，但不能依赖，有些东西必须自己去创造，需要你独立完成任务。

工作中对人的依赖，对于新员工来说，最容易出现，造成的后果是你可能总是一个新同事，一直都融入不到一个团队，其他同事觉得你做不了什么事(事实上也是)，所以必须走出依赖。

对于老员工来说，工作上的依赖会使你工作无所进展，领导发现你是一个难搞的员工，原来你什么都要靠别人，你已经没有存在的价值。所以也必须走出依赖。

如今每天都有不少员工在命运的十字路口徘徊，抱怨命运让自己平庸；抱怨社会没给自己太多机会；抱怨自己没有一个好的上司；他们抱怨没有关系可靠，找不到理想的工作，只能处在生活的底层，抱怨着命运不公。而很多比他们处境更困难的人却靠自己成功了。

美国总统林肯，出生在一个贫困家庭，15岁才开始认字母，每天早晚都要走4公里的森林小路到校求学。他买不起算术书，向别人借了再抄下来，然后用麻线缝合，做成一本自制的算术书。他以不定期上课的方式在校求学。知识都是“一点一点学的”。他在学校真正受正规教育的时间还不到一年。但是他凭借自己的自强不息，成了美国最具影响力的总统之一。

无需抱怨自己没有依靠，只有靠自己，才不会像乞丐一样伸手向别人要钱。一个成功人士讲过自己在大学的第一堂课，就是因为这样一堂课让他走上了成功之路。

在入学的第一堂课上，年近花甲的教授提了这样的一个问题：“开学时独自一人到学校报名的同学请举手。”举手者寥寥无几。

教授接着说：“由父母亲自送到学校接待点的请举手。”大教室里近百双手齐刷刷地举了起来。

教授笑着摇摇头，讲了这样一个故事。

一个中国留学生，以优异的成绩考入了美国一所著名大学。由于人生地不熟，思乡心切加上生活饮食等诸多的不习惯，入学不久他便病倒了。更为严重的是，由于生活费不够，他的生活甚为窘迫，濒临退学。

虽然给餐馆打工一小时可以挣几美元，他却嫌累不干。几个月下来他从家带来的钱所剩无几，学校放假时他准备退学回家。

回国后在机场迎接他的是他年近花甲的父亲。当他看到自己久违的父亲，便兴高采烈地向他跑去。父亲脸上堆满了笑容，张开双臂准备拥抱儿子。

可就在儿子将要搂到父亲脖子的那一刹那，这位父亲却突然向后退了一大步，孩子扑了个空，摔倒在地。

父亲拉起倒在地上对自己的举动深为不解的儿子说："孩子，这个世界上没有任何人可以做你的靠山。你若想在激烈的竞争中立于不败之地，任何时候都不能丧失那个叫自立、自信、自强的生命支点，一切全靠你自己！"说完父亲塞给孩子一张返程机票。

这位学生没进家门就直接登上了回美国的航班，返校不久他获得了学院里的最高奖学金，且有数篇论文发表在有国际影响的刊物上。

故事讲完后，当同学们急于知道这位父亲是谁时，教授说："那就是我的父亲！"同学们惊讶地看着他。教授接着说："不错，我就是差点退学的那个留学生。如果我的父亲没有给我上过自立自强的这一课，也许今天我就不会站在这里。这个世界上，每一个人出生在什么样的家庭、有多少财产、有什么样的父亲、什么样的地位、怎样的亲朋好友并不重要，重要的是我们不能将希望寄托于他人，只要我们能自立、自信、自强，就没有什么实现不了的事。"

无论我们出生在什么样的家庭，有多少财产，有什么样的领导，有什么样的得力同事，有什么样的社会地位，有怎样的亲朋好友都不重要，重要的是我们不依赖别人。在工作与生活中能够靠自己自强、自立去实现自己的价值，才是真正的成功。

人立于天地之间，自立自强才是人生最重要的课题。一代大教育家陶行知老先生有一首诗写得好："滴自己的血，流自己的汗，自己的事情自己干，靠天靠地靠老子，不算是好汉。"人生最可依赖的是什么？是知识、是智慧、是汗水。人常说"靠人种地满地草，靠人盛饭一碗汤"。父母都不可能依靠一生一世，何况他人？这个世界上最可靠的不是别人，而是自己。我们应该学会站起来，离开习惯依靠的坐椅，用自己的智慧和双手创造属于自己的未来。

法国作家雨果说："我宁愿靠自己的力量打开我的前途，而不愿求有力者垂青。"只要一个人是活着的，前途就永远取决于自己，成功失败都系在自己的身上，而依赖只能是一种生命的束缚，一种寄生。英国历史学家弗劳德说："一棵树如果要结出果实，必须先在土壤里扎下根。同样，一个人也需要学会认识自己，依靠自己，尊重自己，不接受他人的施舍，不等待命运的馈赠。只有在这样的基础上，才可能做出成就。"依赖别人，就会失去独立思考和行动的能力，意志力就会被消磨掉。离开习惯的依靠，就能挺直腰杆做自己。

7.职场"越位"只会吃力不讨好

如果将工作比喻成一场球赛，就会发现，不少职场人士常常犯规，因找不准自己的位置而越位。职场中，总有一些人的言行会超出了自己职权范围外，出现越位现象，妨碍他人。

有个做设计员的朋友，经常陪老总出去谈项目，但出门在外时，他却常常摆不正自己的位置。一次，他陪老总去交货，对方临时提出有个环节的设计需要补充，老总还未表态，朋友就抢话说："可以，没问题。"话一出口，他就看见老总已变了脸色。

领导未开口之前，做下属的就先口若悬河，很容易惹上司反感。个性张扬的下属，常会在公众场合，越过自己的顶头上司来展示自己的魅力。比如，接待重要客人时，跑得比领导还快；不分场合地夸夸其谈，挡了上司的风头等。这是一种权利越位，超越自己身份的胡乱表态，是不负责任的表现。表态应由领导或领导授权才行，抢先表态容易使领导陷于被动。面对越位的下属，如果上司大度倒也罢了，一旦上司不能容忍，工作中就难免会有小鞋不断,越位者只有吃闷亏。

“作为一个职业人,尽心尽力为公司服务,取得更多的效益,这是天经地义的事情吧,但为什么还会引来别人的不满意呢?”聪明能干的白领小衫最近一直困惑。她两个月前应聘到某知名广告公司就职。两个月来,小衫善用自己的聪明才智加上勤奋努力,在同进公司的一批人中脱颖而出。由于公司从事的广告行业,其中涉及到收款事项。小衫第一次帮公司收款就初战告捷,随后,很多呆账的收回任务,公司就交到了她手上。这些账中很多都是部门直属上司多次费尽心思而未收回的,但小衫都一一收了回来,为公司作出了不少的贡献。每次开会,老板都会特意表扬小衫一番,称其为不可多得的人才。而每每此时,小衫的直属上司都阴着脸,十分难看。这个上司开始有意无意地刁难她,她在公司每天都要看他的脸色,十分难受。

小衫的问题,就在于工作做得太到位了,以至于让直属上司感到她是在“挑衅”,自己有了危机。

还有一种越位,是只可意会不能言传的。比如,工作中,一些亮点是上司表现的机会,下属若不知就里地抢着做,不仅落不到好,反而惹上司讨厌。

越位,说严重点就是“功高震主”,自己的才能使得上司感觉受到了威胁。这样的情况十分危险,有可能让你遭到压榨和不平。越位,是职场大忌,必须要规避。在职场中,其实并非越积极越好,在不少的场合,既然你的角色是公司的普通职员,那就更应该放聪明些,学会摆正自己的角色位置,在自己的职位角色上有节制地做人和出力。切忌轻易“越位”,才能做到事半功倍。那么在职场中如何才能做到不越位呢?这要求工作中先了解越位。越位通常包括以下几种:

1. 决策越位。在有的企业中,职员可以参与公司和本部门的决策,这时就应该注意,谁做什么样的决策,是有限度的。有些决策,作为下属或一般的普通职员可以参与,而有些决策,下属还是不插言为妙,要视具体情况见机把握。

2. 表态越位。表态是表明人们对某件事的基本态度，表态同一定的身份密切相关。超越了自己的身份，胡乱表态，不公是不负责任的表现，也是无效的。对带有实质性问题的表态，应该经过上司或上司授权。而有的人，作为下属，却没有做到这一点，在上司没有表态，也无授权和情况下，表明态度，喧宾夺主，这会陷领导于被动，领导当然会不高兴。

3. 职责越位。这里面有时确有些奥秘，有的人不明白，工作抢着干，实际上有些工作，本来上司更合适，你却抢先去做，从而造成职责越位，吃力不讨好。

4. 答问越位，这同表态越位有相同之处。有些问题的答复，往往需要有相应的权威，作为职员下属，明明没有这种权威，却要抢先答复，会给领导造成工作中的干扰，也是不明智之举。

5. 场合越位。有些场合，如与客人应酬，参加宴会，也应该适当突出领导。可是有的人作为下属，张罗的过于积极，比如同客人认识，便抢先上前打招呼，不管领导在不在场，这样自己太多，显示领导不够，容易引起领导的反感。

不同的工作岗位担负不同的工作分工和职责，同时这些工作的担当者也必须维护自己的工作职责和尊严，这是一种职场规则。如果用自己的工作热情去替代职场规则，不小心越了位，对个人本身和整个团队，都是有害而无益的。

对于许多聪明人来说，人生的最大害处不在外部，而在自己。一旦做出一番事业，就难免要居功自傲，而这样做的下场往往比无所作为的人更惨。所以，一个有修养的人应该知道居功之害。因此古人很注意，不论任何好事，都要守住自己的本分，绝对不可以功高盖主，否则轻的招致他人怨恨，重的甚至惹来大祸。所以在职场，要懂得怎样巧妙地做出成绩，又让上司毫无妒忌口服心服。在另一个公司工作的小松，就遇到了和小衫一样的情况，但不同的是，吃过亏的他，已经知道如何化解了。

小松长得很帅，身高1.78米，脸蛋也很俊俏，在公司上下，得到女孩的高回头率。小松讲一口流利的英语，在跟外商谈判中，小松时常露脸。相比之下，小松的顶头上司——部门经理比小松逊色多了，不但个头比小松矮，其学历、水平和能力好像也没有小松高。

有一次，他俩在跟外商谈业务的晚会上，小松得意地跟外商频频举杯，潇洒飘逸，用英语跟外商海阔天空地闲聊，竟把自己的上司冷落一旁。他们跟外商分手时，小松竟抢在上司面前跟人家握手道别，搞得上司满脸不高兴。没几天，小松就被调到另外一个不太重要的部门。

后来才听说是这个上司向公司老总打了小报告，说小松这个人太浮躁，不适合做销售业务。经朋友点拨，小松知道自己犯了职场忌讳“越位”。“越位”是费力不讨好的职场第一傻，小松没有找准自己的角色位置，小松是业务主管，受部门经理的领导，在各种场合应当以上司为中心，突出上司的主导地位，如果喧宾夺主，旁若无人，在公众场合抢“镜头”，就会使上司陷入尴尬的处境，上司当然不愿意把这样犯上“僭越”的下属留在手下，势必给你穿小鞋，你打起铺盖走人是早晚的事了。

在新部门，小松汲取了教训，留一半清醒留一半醉。对上司恭敬有加，跟上司在一块走路时，小松后退一步；与客商谈生意时，小松在一旁保持缄默；而在适当时候为上司“补台”。比如一个关键数字上司忘记了，在上司停顿的瞬间小松及时地提“台词”，上司不但不会对小松反感，反而向小松投来感激的目光。在应酬场合，小松也突出上司的中心地位，口口声声引用上司的“语录”，尽管这些“语录”比小松腹中的辞藻要逊色得多，但小松还是恰到好处地表述出来。

小松的谦虚和谨慎终于博得上司的信任和赏识。有一天，他请小松喝咖啡，向小松说，他其实不如小松强，部门经理的位置应当是小松的，小松在他手下干有点委屈了，后来他极力举荐小松任另外一个部门的经理。

小松的情况是很多有能力的职场新人常常遇到的情况，所以因不自觉越位而困扰的员工不如跟小松学学。在领导表扬自己的时候，提一提直属上司的功劳，收账的时候，和上司一起讨论讨论，多肯定上司的意见；

并且每次工作完成以后，都跟他汇报汇报，沟通沟通。这样在做好了自己工作的同时，既表现了才华，又取得了直属上司的支持，何乐而不为呢？千万记住：不要做吃力不讨好的事。

第五章　战胜自私贪婪，一心为公乐于奉献

正因为人的自私贪婪作怪，许多人一辈子都受苦受累，甚至不如乞丐活得轻松开心。我们如果守着金山银山，私心仍然不除，永远也不会活得自在，因为私心贪心不会因人有钱有物而缩减，人心不足，私心反而会越膨胀越大，人越想满足它、填满它，最终只能把自己也永远“葬在”这个无底深坑中。而我们应该做的，是放弃自私自利，用真心投入工作，为单位建设，勇于奉献、乐于奉献，一生就会平安幸福快乐。

1. 自私者失道寡助

自私之心人皆有之，正所谓“人不为己，天诛地灭”。心理学家说：“人类的每一个行为都是以对自己有利的条件作为基础，否则根本就不会产生动机。”人类的本质是自私的，所有一切行为都有自私的一面，自私可以说是人类最本质的弱点了。曾有心理学家做过这样一项有趣试验，在露天游泳池中，安排不同的人“溺水”，然后，观察会有多少人去救他们。其结果耐人寻味。

在长达一年的试验中，当白发苍苍的老人“溺水”时，累计有 20 人营救；当孩子“溺水”时，累计有 32 人营救；而当妙龄女子“溺水”时，营救的人就上升到 50 人。

在这个实验中，我们可以看到自私弱点的毕现。同样是救人，但他们在跳下水的那一刻，心里总是想着些什么。

还有这样一个有趣的公告牌也带有讽刺意味地嘲笑着人性的自私。

一座城市的郊区有一个水库，每年夏天，都吸引大批游泳爱好者前去游泳。这座水库是城市自来水工厂的水源，为了保持水源的清洁，自来水厂在库区竖了许多“禁止游泳”的牌子，但效果并不理想，人们照游不误。

后来，自来水厂更换了所有的这类标语，公告牌上写着：“你家用的水来自这里，为了你和家人的健康，请保持清洁卫生。”从此，前往库区游泳的人少多了。

我们虽然不能无私地为别人活着，事事都为别人着想，但绝不能太过于自私自利。因为自私就像一个沙漏，越自私沙漏得越大，失去的利益就越多。如果人什么都争取最有利于自己的东西，最后往往是一无所获，无利可图。

一家外企在招聘区域经理时，就遇到过这样一件事。在经过一轮复一轮的筛选后，5个来自不同地方的应聘者终于从数百名竞争对手中脱颖而出，成为进入最后一轮面试的佼佼者。

这5个人，都是各条道路上的"英雄好汉"，各有所长，势均力敌，谁都可以胜任所要应聘的职务。也就是说，谁都有可能被聘用，谁都有可能被淘汰。正因为这样，才使得最后一轮的角逐更加具有悬念，也显得更加激烈和残酷。

张明心里相对还是比较踏实的。因为凭他在初试、复试，又复试、再复试中过关斩将那股所向披靡的势头，他认为自己获胜是没有问题的，于是，胜利的自信和成功的愉悦提前写在了他的脸上。

按照公司的规定，他们要在那天早上9点钟准时到达面试现场。面对如此重要的机遇，不用说，他们不仅没有人迟到，还都不约而同地提前半个多小时就赶到了。距面试开始时间还早，为了打破沉寂，他们还是勉强地聚在一块儿闲聊了起来。面对眼前这些随时会威胁到自己命运的对手，在交谈中彼此都显得比较矜持和保守，甚至夹着丝丝的冷漠和虚伪……忽然，一个青年男子急急忙忙地赶来了。他们纳闷，惊奇地看着他，因为在前几轮面试中谁都不曾见过他。

他似乎感到有些尴尬，主动迎上前自我介绍说，他也是前来参加面试的，由于太粗心，忘记带钢笔了，问他们几个是否带了，想借来填写一份表格。

他们面面相觑，张明想，本来竞争就够激烈的了，半路又杀出一个"程咬金"，岂不使竞争更加激烈？要是都不借笔给他，那不就减少了一个竞争对手，从而加大了成功的可能。他们几个如有心灵感应似的你看着我，我看着你，终于没有人出声，尽管他们身上都带着钢笔。

稍后，青年男子看到张明的口袋里夹了一支钢笔，眼前立刻掠过一丝惊喜："先生，可以借给我用用吗？"张明手足无措，慌里慌张地说："哦……我的笔……坏了呢！"

这时，张明他们5人当中有一个沉默寡言的小伙子走了过来，递过一支钢笔给他，并礼貌地说："对不起，刚才我的笔没墨水了，我掺了点自来水，还勉强可以写，不过字迹可能会淡一些。”

青年男子接过笔，十分感激地握着小伙子的手，弄得小伙子莫名其妙。张明他们 4 个则轮番用白眼瞟了瞟小伙子，不同的眼神传递着相同的意思——埋怨、责怪。因为这样又增加了一个竞争对手。奇怪的是，那个后来者在纸上写了些什么就转身出去了。

一转眼，规定的面试时间已经过去 20 分钟了，面试室却不见动静。他们终于有些按捺不住了，就去找有关负责人询问情况。谁料里面走出来的竟是那个似曾相识的面孔：“结果已见分晓，这位先生被聘用了。”他把手搭在小伙子的肩上，微笑着向大家做了一个鬼脸。

接着，他又不无遗憾地补上几句：“本来，你们能过五关斩六将，最终站在这儿，已经很难能可贵了。作为一家追求上进的公司，我们不愿意失去任何一个人才。但是很遗憾，是你们自己不给自己机会啊！”

张明他们这才如梦初醒，可是已经太迟了。自私的他们只因为这一点小事，丢掉了马上就可以得到的职位，而小伙子却由于自己的无私，成了这次应聘中唯一的幸运儿。

生活中，像张明这样的人，随处可见，他们不肯为别人提供便利，特别是在利益冲突的时候。他们总觉得自己给别人提供便利是在让自己失利。殊不知，因为自私抛弃别人，别人也一定会抛弃你。一个人越自私，失去的利益也就越多。

自私作为一种病态社会心理，有很强的渗透性。由于商品经济的影响，一些社会公民在不同程度上都存有私心杂念。主要有以下几种表现形式：

(1)不讲公德。公德是指广大公民在社会生活中所应遵循的道德准则，可是有些人却漠然视之。如随地吐痰、乱扔果皮纸屑、乱穿马路；你这里刚坐下学习，他那里把音响开得震天响；有的居民楼，每家每户都收拾得干干净净，但走廊过道上垃圾成堆等。将自己的东西看得紧，公家的财产随意浪费，这也是不讲公德。

(2)嫉妒他人。自私的人嫉妒心强，心中只有自己，根本不能容纳别人。如果谁的本事比他强，取得了好成绩，甚至在容貌、身材、等方面超过他，他都会感到难受，于是想方设法诋毁、诬陷、为难比他强的人。嫉妒心有时将人引入疯狂的状态，甚至会导致伤害别人、毁容等违法行为的发生。在恋爱婚姻家庭中常有感情自私的现象，有些人为满足自己的私欲，在恋爱婚姻中玩爱情游戏，玩弄异性，用甜言蜜语欺骗对方；有些人为了自己的利益，插足他人家庭，不惜充当第三者；有些人因职务升迁或成为大款后，就抛下结发伴侣，另觅新欢；有些人在配偶身染重疾、处境艰难时，竟提出离婚要求；还有些人隐瞒自身缺陷用欺骗手段获取爱情，结果导致婚姻的悲剧，等等。

(3)技术垄断与剽窃。过去社会上有些手艺人有专长、身怀绝技，但从不肯轻易将技术传授他人，怕“传给徒弟，饿死师傅”；有的人“传儿不传女”、“传女不出嫁”；有的人则终身不授后人，将技术带人坟墓，结果使我国许多优秀的民间传统手艺销声匿迹。现在还出现了另外一种情况，有些技术人员将本企业的某些专利技术剽窃并卖给其他企业，以换取个人的好处；有的假冒著名商标；有的盗用版权，以谋私利等。

(4)以“钱”谋私。社会上有些人为了拉关系，走后门，不惜用金钱、礼品去贿赂有权之人，用“孔方兄”打开谋私的门户。

(5)以权谋私。这主要表现在某些掌握管理权、经营权、行政权的人身上。他们以权谋私，以致党风、政风、行业之风不正。少数人在权力金字招牌之下为所欲为、肆无忌惮，用权力下赌注、作交易。

从上面所列自私行为几种表现可以看出，凡自私的人都有这样的病态心理，即“人不为己，天诛地灭”、“宁教我负天下人，休叫天下人负我”、“公家的事小，自己的事大”、“有权不用，过期作废”、“利人者是傻子，利己者是聪明人”、“不吃白不吃，吃了也白吃，白吃谁不吃”等，这些心态经社会传播，逐渐变成了一种流行的畸形心态。由于社会制约机制尚不健全，某些自私自利的人确实从中捞到了某些好处，更使得自私之风盛行不衰。然而，自私导致腐败，导致极端的个人主义，导致社会丑恶现象的出现，它使得社会风气败坏，是违法违纪的根源。

自私的心理调适：自私作为一种病态心理，可充分发挥个人的主观能动性予以克服，有以下几种调适方法可以参考：

(1)自我反省。一般情况下，自私是一种潜意识的心理倾向，要克服这种心理，首先要认真审视并通过社会公德与社会规范来衡量自己的心态与行为。通过不断学习、更新观念来强化社会价值取向，以毫不利己、专门利人的模范为榜样。

(2)助人为乐。通过帮助别人可以纠正自私的心理倾向，因为他人的赞许会使你得到乐趣，从而使灵魂得到净化。

(3)惩罚训练。在手腕上缚一根橡皮弹环，一旦产生自私的念头或行为，即用弹环来弹击自己，让自己从痛觉中意识到自私是不对的，强迫自己放弃自私的念头或者改正自私的行为。

总之，我们要克服自私，战胜自我的私欲，不要因为自私而“专门利己，毫不利人”，而成为众人心里排斥、纷纷躲闪的对象，这对于处处要与人打交道的员工来说无异于断了人脉和财路。

2.贪婪反会让你得不偿失

贪婪指一种攫取远超过自身需求的金钱、物质财富或肉体满足的欲望。明朝朱载育写了一首散曲《十不足》，十分形象地形容了贪婪的人：

终日奔忙只为饥，才得有食又思衣。
置下绫罗身上穿，抬头又嫌房屋低。
盖下高楼并大厦，床前却少美貌妻。
娇妻美妾都娶下，又虑出门没马骑。
将钱买下高头马，马前马后少跟随。
家人招下数十个，有钱没势被人欺。
一铨铨到知县位，又说官小势位卑。
一攀攀到阁老位，每日思想要登基。
一日南面坐天下，又想神仙来下棋。

洞宾与他把棋下，又问哪是上天梯。

上天梯子未做下，阎王发牌鬼来催。

若非此人大限到，上到天上还嫌低。

贪婪的人往往得寸进尺，永不满足，而贪图的东西很可能属于别人的。贪婪的人为贪而贪，从不考虑自己是不是真的需要这些东西，也不理会其他人的动机，常忽视其他人的福利，因此被社会视为“有害的”。贪婪的人让欲望主宰自己的思想和行动，结果贪欲就成了他的神。

徐强和他的好友郑伟都在一家公司工作，是公司程序编辑组的技术骨干。一天，一个神秘人物出现在郑伟面前，向他提出要用重金购买他俩参与的一项软件的数据库。郑伟不敢独自做主，找徐强商量，徐强坚决不同意。

“我想不明白，对方开出10万元，顶得上我们两个人一年的工资，为什么不可以答应？”郑伟说。

“做人要有原则，不能出卖自己的良心。”

“我也知道这些道理，可良心又能值几个钱呢？”

看到徐强不再说话，郑伟以为他同意了。

“退一步讲，就是我们卖出，公司也未必能够发觉；即使发觉，也未必知道是我们干的，我们小组可有二十几个人。”

“别说了，反正我不同意！”没想到，徐强的态度非常坚决。

郑伟看到徐强生气了，便表示放弃。但他心中并没有放弃，他决定瞒着徐强。郑伟把对方给他的7万元酬金偷偷存进银行。两个月后，竞争对手抢先一步推出相似软件，迅速占领市场，让徐强所在公司为此损失数百万元，很显然，公司的技术秘密被人出卖了。公司经过调查，知道是郑伟出卖了数据库。为了挽回公司的经济损失，公司把郑伟告上了法庭。

因为贪婪而迷失方向，利令智昏的人随处可见，因为贪婪而丧尽天良的人不少。贪婪会让人得不偿失。在现实生活中，其实我们拥有东西并不少，仅仅因为永不满足的欲望而让自己变得更加贪婪，这样只会让自己失去的更多。

一位富翁家的狗在散步时跑丢了，于是富翁就在当地报纸上发了一则启事：有狗丢失，归还者，付酬金一万元。并有小狗的一张彩照占了大半个栏目。

启事刊出后，送狗者络绎不绝，但都不是富翁家的。富翁的太太说，肯定是真正拣狗的人嫌给的钱少，那可是一只纯正的爱尔兰名犬。于是富翁就把电话打到报社，把酬金改为两万元。

一位沿街流浪的乞丐在报摊看到了这则启事，他立即跑回他住的窑洞，因为前天他在公园的躺椅上打盹时拣到了一只狗，现在这只狗就在他住的窑洞里拴着。果然是富翁家的狗。乞丐第二天一大早就抱着狗出了门，准备去领两万元酬金。当他经过一个小报摊的时候，无意中又看到了那则启事，赏金已变成三万元。

乞丐又折回他的窑洞，把狗重新拴在那儿，第四天，悬赏额果然又涨了。

在接下来的几天里，乞丐天天浏览当地报纸的广告栏，当酬金涨到使全城的市民都感到惊讶时，乞丐返回他的窑洞。可是那只狗已经死了，因为这只狗在富翁家吃的都是鲜牛奶和烧牛肉，对这位乞丐从垃圾筒里拣来的东西根本受不了。

不论我们做什么，都应该把握住适当的分寸。“该出手时就出手”，不要像这位乞丐一样欲壑难填。贪婪只会让我们错失最好的出手时机，最终一无所获。贪婪只是内心欲望的趋势，只要我们能够控制贪念的膨胀，就能从欲念的烦恼中解脱出来。但如果我们不能控制自己的欲望，就等于一座墙垣已经坍塌的城池，失去了对任何邪恶防御和抵抗的屏障，随时都可能在利益和感官刺激的诱惑下崩溃。

贪婪，也是很多人上当受骗的根源。据媒体爆料：有一些企图行骗的人，竟然把卡耐基《人性的弱点》当作了行骗的秘籍。因为人们往往知道贪婪的危害，却不懂得反省自己，改掉贪婪的弱点。

1956年，俄亥俄州的亚历山大商场发生了一起盗窃案，共丢失8块金表，造成近十万美元的损失。在当时这是个庞大的数目。

就在案子侦破中，一个名叫罗森的纽约商人到此批货，随身携带几十万美元现金。他来到下榻的酒店后，办理了贵重物品保存手续，将现金存进了酒店的保险柜里后，就出门吃早餐去了。

在咖啡厅里，他听到邻桌的人在谈论前几天的金表盗窃案，由于是当时的新闻，他也并没有太在意。

吃午饭时，他又听见有人谈及此事，他们还说有人花了一万多美元买了两块金表，转手把金表卖掉净赚1万美元，其他人听着都不无羡慕地说："要是我能遇上，不知道有多幸福！"

然而罗森听到这些，却有些怀疑："会有这样好的事情？"

到了晚餐的时候，金表的话题竟然又被人提起，他吃完饭就回到房间，突然接到一个神秘的电话："你是否对金表感兴趣？老实跟你讲，我知道你是个做大生意的商人，我这些金表在本地不容易脱手，如果你对此感兴趣，我们可以协商一下，如果对品质有怀疑，你可以去附近的珠宝店鉴定，怎样？"

罗森听后，大为心动，他思量着做成这笔生意可得到的利润要比一般生意优厚几倍多，于是他答应和对方当面谈。接着用2万美元买下传说中8块被盗金表中的3块。

可是第二天，他仔细观察金表，总感觉有些不对劲，于是他把金表拿到熟人那里做鉴定，鉴定的结果是3块金表都是赝品，全部价值不过2000美元。直到这群骗子落入法网，罗森才明白，从他进入酒店起就被这伙骗子盯上了，他一整天听到的关于金表的话题，都是他们故意设计的圈套。

生活中，像这样骗人圈套随处可见。特别是如今欺骗的手段越来越高明，我们唯一可以做的就是克制自己的贪欲。只要我们没有了贪欲，就不会掉入骗子的圈套。天下没有免费的午餐，更不会有掉馅饼的好事。

富兰克林说过："有两条路可以得到幸福，即消除欲望和增加财富。"托尔斯泰也说："欲望越少，人生就越幸福。"因此我们应该学会控制自己的贪欲，学会舍弃，只有这样我们才能获取更加轻松愉快的人生。

哈佛大学经济学教授丹尼·罗德克说："世界上几乎所有大宗教都有着一条戒律，就是反对贪婪。现实生活中，我们常可听到人们用鄙夷不屑的口吻说出贪得无厌、贪心不足、贪婪成性等鞭笞贪婪的词汇来。"但是无论我们怎么鞭挞贪婪，在物欲横流的社会里，人们的贪欲总是被现实生活的诱惑激发起来。

我们所说的贪婪就是一个人对金钱、财富的强烈占有欲。但是如果一个人的贪欲太多，得到也总是越少。有一个人，偶然在地上捡到一张百元大钞。因为这笔意外之财，他以后总是低着头走路，希望还能有这样的运气。

久而久之，低头走路成了他的习惯。若干年后，他总共拾到纽扣 3.9 万多颗，针 4 万多根，钱则只有几百块，可是他也成了严重驼背的人。

贪婪不会让我们得到更多的财富，而会让我们失去更多的财富。就像故事中的人一样，在偶得一百元大钞后，总想再多得点，最终却牺牲了自己的健康。老子在《道德经》中说："祸莫大于不知足。"只有知足才会常乐，只有时刻保持乐观心态的人做事才会事半功倍。所以我们应该学会克制自己的贪欲，无论在工作中还是生活中。我们都知道贪婪可谓是投资理财的大忌，如果一个理财投资者，没有控制好自己的贪欲，最终等待他的或许是一穷二白。股票投资者，在 2007 年或许都听过这样一首改编流行的网络歌曲《死了也不卖》："死了也不卖，不拿到翻倍不痛快。"直到 2008 年底股市大跌，真正"死了"才后悔莫及。

巴菲特投资股票有一个特点，那就是始终坚持反"贪"。

巴菲特在 2008 年上半年，股市上涨时，减持中石油股票，很多人说他"股神老矣"。诚然，假如巴菲特能再晚一段时间减持，就可以多赚取几十亿元。可是后来的事实让大家不得不信服：巴菲特的拒绝贪婪依然是正确的。再遥想当年美国互联网泡沫全盛之时，巴菲特也是远离贪婪按兵不动，虽屡遭众人非议，但随着互联网泡沫的灰飞烟灭，巴菲特重新获得人们的尊敬。

无论在股市中，还是生活中，都应该克制贪欲，在诱惑面前冷静思考，做出正确的选择。

有一个走私客特鲁西，由于警方追捕得很紧，带着所有的走私货躲到一座破旧的教堂中，并且请求老牧师答应他把这些走私品藏到教堂的阁楼里。他想警方一定想不到这些东西被藏在教堂中，应该万无一失。虔诚的牧师立即拒绝了，并要此人马上离开，否则他要报警。

"我给你一笔钱，以报答你的善行，你看20万元怎么样？"特鲁西一再地拜托着。

老牧师坚定地说："不！"

"那么50万呢？"老牧师依旧拒绝。

"100万元？"特鲁西仍不死心。老牧师突然大发雷霆，用力把那人推到外面，说道："快给我滚出去，你开的价钱，已经快接近我心里的数目了。"

老牧师还算得上是一个有自制力的人。但你呢，在形形色色的诱惑面前，能保持一颗知足的心吗？

克制贪欲就是要做一个有自制力的人，面对各种诱惑时，有自己为人处世的底线，我们不能触及做事的底线。同时我们还应该懂得知足，只有知足才能抑制贪欲生发。

几个人在海边钓鱼，旁边有游客在欣赏美景。这时只见一名垂钓者把渔竿一扬，钓上好大一条鱼，足有3尺长，落在地上依然翻腾不止。可是垂钓者却摁着大鱼，解下鱼嘴里的渔钩，顺手又将大鱼投进了海里。

周围观看的人们响起了一阵惊叹声，难道如此大的鱼还不能让他满足吗？这个垂钓者的雄心可真够大的。

就在围观者屏息以待之时，垂钓者的渔竿又是一扬，这次钓上来的鱼也不小，足有2尺长，垂钓者仍旧是不看一眼，顺手又把鱼丢进了海里。

第三次，垂钓者的渔竿再次扬起，这次钓线末端钓着一条不足1尺的小鱼，围观的人们以为这条小鱼也定会被扔进大海，没想到垂钓者却将鱼解下，小心翼翼地放进自己的木桶里。

观看的人不解，就问："你为什么舍大而留小呢？"想不到垂钓者的回答竟是："哦，因为我家里的盘子最大的不过1尺长，太大的鱼带回去，盘子盛不下，吃不完第二天就坏掉浪费了。"

生活中，总有鱼和熊掌难以兼得的选择，这时就应该向这位老者一样，选择适合自己的。欲望永远都不会满足，不停地鼓动着我们去追逐物质和金钱，然而过多地追逐会使我们迷失方向。因此，做人千万不要太贪，有贪得无厌就必有得不偿失，只有适可而止、知足常乐的人才是真正的智者。

3. 狭隘的心胸装不下阳光与爱

世界上最狭小的地方，有时候莫过于人心。心胸狭隘的人，他们的心里只有他们自己。其实狭隘的人性弱点，可以说是因为利益所致，只要在利益争夺的面前，狭隘的弱点就会露出来。

第二次世界大战期间，一支部队在森林中与敌军相遇，激战后两名战士与部队失去联系。这两名战士来自同一个小镇。

两人在森林中艰难跋涉，他们互相鼓励、互相安慰。十多天过去了，仍未与部队联系上。这一天，他们打死了一只鹿，依靠鹿肉又艰难度过了几天。可也许是战争使动物四散奔逃或被杀光，这以后他们再也没看到任何动物。他们仅剩下的一点鹿肉，背在年轻战士的身上。这一天，他们在森林中又一次与敌人相遇，经过激战，他们巧妙地避开了敌人。

就在自以为已经安全时，只听一声枪响，走在前面的年轻战士中了一枪——幸亏伤在肩膀上！后面的士兵惶恐地跑了过来，他害怕得语无伦次，抱着战友泪流不止，并赶快把自己的衬衣撕下包扎战友的伤口。

晚上，未受伤的士兵一直念叨着母亲的名字，两眼直勾勾的。他们都以为他们熬不过这一关了，尽管饥饿难忍，可他们谁也没动身边的鹿肉。天知道他们是怎么过的那一夜。第二天，部队救出了他们。

30 年后，那位受伤的战士安德森说："我知道谁开的那一枪，他就是我的战友。当时在他抱住我时，我碰到他发热的枪管。我怎么也不明白，他为什么对我开枪？但当晚我就宽容了他。我知道他想独吞我身上的鹿肉，我也知道他想为了他的母亲而活下来。此后 30 年，我假装根本不知道此事，也从不提及。战争太残酷了，他母亲还是没有等到他回来，我和他一起祭奠了老人家。那一天，他跪下来，请求我原谅他，我没让他说下去。我们又做了几十年的朋友，我宽容了他。"

人与人之间常常因为一些彼此无法释怀的利益相争，而造成永远的伤害。其实很多时候只不过是无心之过，这时就需要我们以宽容的心去面对。帮别人开启一扇窗，也就是让自己看到更完整的天空。

世界上最狭小的，有时候莫过于人心，但是有时候，世界上最宽广的，也莫过于人心。所以我们切记不能"以小人之心，度君子之腹"，否则只会滋长我们狭隘的弱点。而狭隘的人往往会患得患失，疑神疑鬼。

有两个重病人，住在一家大医院的同一个病房里。房间不大，他们只能通过一扇窗子看到外面的世界。他们中的一个每天下午都被允许坐在床上半个小时，他的床挨着窗户，另一个人只能终日躺在床上。

每天下午，那个人坐在床上的时候，他都要把窗外的景色描绘给另一个人听。从窗口正好能够看到公园里面的风景：那里有一个人工湖，湖里有野鸭和天鹅，远处一排树，顶上是美丽的天空，人们在绿草如茵、鲜花盛开的地方游玩嬉戏，年轻的恋人则在树下牵着手散步，孩子们在湖边放模型船，撒面包片……另一个人微笑地听着，在他看来这每一分钟都是享受。“一个漂亮的女孩穿着飘逸的夏装，一个小男孩差点跌进湖里……”朋友的描述几乎让他感到自己正亲眼目睹这一切。

然而，在一个晴朗的午后，他心里想：为什么睡在窗前的人能够享受外面美丽的风景？为什么我就不可以？他心里很不平衡，越是这样想，就越想与另一个人换床位，他觉得必须得换。一天夜里，他盯着天花板发呆，忽然另一个人醒了，接着拼命地咳嗽，他想伸手去按铃叫护士来，可是这个人只是看着这个呼吸一直很困难的同伴，却没有去帮他。第二天，护士来的时候发现那个人已经死了，只好静静地抬走他的尸体。

过了一段时间后，这个人换到了靠窗户的那张床上，他觉得很舒服。当他用手支撑起自己的身体，吃力地望向窗外时，窗外仅有一堵空白的墙。

狭隘只会让自己钻进死胡同，看不到光明。一个人被狭隘的心境严严实实地包裹在一层厚厚的壳里头时，那个世界就会变得冷漠狭小，没有关爱，没有恻隐之心。处处以自我利益为中心，更不会去体贴、理解、关心、宽容别人。甚至有时还会用别人的利益换取自己的利益。但是狭隘的心终将会让自己人生的道路越走越窄，直到走投无路。一个狭隘的人注定是一个后悔终生的人。

狭隘的人走出的只有狭隘的人生，而只有敢于打破自己固有的圈子，才可能改变自己的命运，才可能拥有更广阔的发展空间。有时候人们总觉得战胜自己的弱点是很难的事。其实不然，有时候狭隘与宽广就是一步之遥，只要我们懂得什么时候前进一步，什么时候该后退一步，我们的世界就会变得宽广无比。

在苏伯比亚小镇上，有两个叫乔治和吉姆的邻居，他们不是好邻居。虽然谁也记不清到底是为什么，但就是彼此不和睦。他们只知道不喜欢对方，这个原因就足够了。

所以他们时有口角发生，尽管夏天在后院开除草机除草时车轮常常碰在一起,但多数情况下双方连招呼也不打。

后来,夏天晚些时候,乔治和妻子外出两周去度假。开始吉姆和妻子并未注意到他们走了。也是,他们注意干什么?除了口角之外,他们相互间很少说话。

但是一天傍晚,吉姆在自家院子除过草后,注意到乔治家的草已很高了。自家草坪刚刚除过看上去特别显眼。

对开车过往的人来说,乔治和妻子很显然是不在家,而且已离开很久了。吉姆想这等于公开“邀请”夜盗入户,而后一个想法像闪电一样攫住了他。

“我又一次看看那高高的草坪,心里真不愿去帮我不喜欢的人。”吉姆说,“不管我多想从脑子里抹去这种想法,但去帮忙的想法挥之不去。第二天早晨我就把那块长疯了的草坪除好了!

几天之后,乔治和多拉在一个周日的下午回来了。他们回来不久,我就看见乔治在街上走来走去。他在整个街区每所房子前都停留过。

最后他敲了我的门,我开门时,他站在那儿正盯着我,脸上露出奇怪和不解的表情。

过了很久,他才说话,‘吉姆,你帮我除草了?’他最后问。这是他很久以来第一次叫我吉姆。

‘我问了所有的人,他们都没除。杰克说是你干的,是真的吗?是你除的吗?’他的语气几乎是在责备。

‘是的,乔治,是我除的’。我说,几乎是挑战性地,因为我等着他为了我除他的草而大发雷霆。

他犹豫了片刻,像在考虑要说什么。最后他用低得几乎听不见的声音嘟嘟说谢谢之后,急转身马上走开了。”

乔治和吉姆之间就这样打破了沉默。他们还没发展到在一起打高尔夫球和保龄球,他们的妻子也没有为了互相借点糖或是闲聊而频繁地走动。但他们的关系在改善。至少除草机开过的时候他们相互间有了笑容,有时甚至说一声“你好”。先前他们后院的“战场”现在变成了“非军事区”。有时候他们甚至会分享同一杯咖啡。

如果我们想化敌为友，就勇敢地向前迈出一步。只有迈出去，心才会得以沟通。否则，永远都不会有任何进展，有时候甚至会恶化。当我们和别人发生矛盾的时候，要主动示好，采取寻求和解的行动，这样才能赢得和谐的人际关系，享受幸福的人生。学会前进一步，也要懂得后退一步。

韩信是汉高祖刘邦手下的一员大将，他年轻时曾受到一位屠夫的为难，一个屠夫骄横地对韩信说："你有没有胆量在我的身上扎两刀？要是没有，那么就从我的胯下钻过去。"

韩信是一个聪慧之人，听后非常气愤，心里想着自己有一身好武艺害怕这个小屠夫不成？正在他要动手时，转念一想，我为何要跟一个小无赖一般见识呢？于是，他就咬了咬牙，从屠夫的胯下钻了过去。

后来，韩信成了一名大将军，他非但没有因为"胯下之辱"而除掉那位屠夫，反而给了他好些钱，并任命他担任一个职务，使屠夫深为感动。后来那个屠夫成了韩信的忠诚护卫，并与他共赴战场，出生入死。

作为员工，常常要和很多人生活在同一片天空下，总会有这样那样的磕磕碰碰，这时就需要我们像韩信一样，以豁达的心胸去包容他人的过失。俗话说得好："退一步海阔天空，让三分心平气和。"我们学会摒弃狭隘，拥有"退"与"让"的胸怀，妥善处理好日常生活和工作中的一些问题，就能处理好人际关系，在生活、学习与工作中才会享受到更多的乐趣。有句话说："化干戈为玉帛者是机智坦荡之人，化仇恨为友情者是胸怀博大之人。"我们就是要做这样的人，学会平息工作与生活中的小怨恨，会使我们终身受益。

第六章　切忌浮躁粗心，专注细节脚踏实地

在工作中只想做大事，不愿做小事，只想成就丰功伟业，而不屑于专注细节，这样的员工，浮躁冒进、眼高手低、急于求成，结果往往因为自身工作经验不足，缺乏对职场规则及行业规则的了解，最后一事无成。其实小事、细节、基层才是最锻炼员工素质的地方，因为从最基础的事情做起往往最能考验一个人的工作能力与毅力。

1. 只会幻想不会行动一切都是空谈

理想和幻想，本质上都不是现实。理想和幻想有时可以为我们指引道路，可是很多人偏偏只会幻想，而不会有丝毫行动，这就跟鲁迅笔下的阿Q差不多了。

我们在电影中常看到这样的场景：主人公凄凉无助地躺在一间破旧的房子里，衣衫褴褛，双眼紧闭，脸上却流露出幸福表情，他在做什么呢？其实每个人都知道，因为我们常常也都会跟他一样，时常在幻想着那些水中月、镜中花，哪怕是海市蜃楼、空中楼阁也觉得饶有兴致。

幻想似乎已经植入了很多人的骨子里。美国作家爱默生说："年轻时，谁没有空想过？谁没有幻想过？想入非非是青春的标志。但是，我的青年朋友们，请记住，人总归是要长大的。天地如此广阔，世界如此美好，等待你们的不仅仅是需要一对幻想的翅膀，更需要一双踏踏实实的脚！

爱默生在年老时，遇到过一位沉于幻想的年轻人。

一年夏天，一位来自马塞诸塞州的乡下小伙子登门拜访年事已高的爱默生。小伙子自称是诗歌爱好者，从7岁就开始诗歌创作，但由于地处偏僻，一直得不到名师的指点。仰慕爱默生的大名，故千里迢迢前来寻求文学上的指导。

这位年轻人虽然出身贫寒，但谈吐优雅，气度不凡。老少两位诗人谈得非常融洽，爱默生对他非常欣赏。

临走时，年轻诗人留下了薄薄的几页诗稿。

爱默生读了这几页诗稿后，认定这位乡下小伙子在文学上将会前途无量，决定凭借自己在文学界的影响提携他，爱默生将那些诗稿推荐给文学刊物发表，但反响不大。他希望这位年轻诗人继续将自己的作品寄给他。于是，老少两位诗人开始了频繁的书信来往。

年轻诗人的信长达几页，大谈特谈文学问题，激情洋溢，才思敏捷，表明他的确是个天才诗人。爱默生对他的才华大为赞赏，在与友人的交谈中经常提起这位诗人。年轻诗人很快就在文坛有了一点名气。

但是，这位年轻诗人以后再也没有给爱默生寄诗稿来，信却越写越长，奇思异想层出不穷，言语中开始以著名诗人自居，语气越来越傲慢。

爱默生感到了不安。凭着对人性的洞察，他发现这位年轻人有了一种危险的倾向。

通信一直在继续。爱默生的态度逐渐冷淡，成了一个倾听者。

很快，秋天到了。爱默生去信邀请这位年轻诗人前来参加一个文学聚会。他如期而至。在这位老作家的书房里，两人有一番对话。

"后来为什么不给我寄稿子？"

"我在写一部长篇史诗。"

"你的抒情诗写得很出色，为什么要中断呢？"

"要成为一个大诗人就必须写长篇史诗，小打小闹是毫无意义的。"

"你认为你以前的那些作品都是小打小闹吗？"

"是的，我是个大诗人，我必须写大作品。"

"也许你是对的。你是个很有才华的人，我希望能尽早读到你的大作品。"

"谢谢，我已经完成了一部，很快就会公之于世。"

文学聚会上，这位被爱默生欣赏的年轻诗人大出风头。他逢人便谈他的伟大作品，表现得才华横溢，咄咄逼人。虽然谁也没有拜读过他的大作品，即使是他那几首由爱默生推荐发表的小诗也很少有人拜读过。但几乎每个人都认为这位年轻人必成大器。否则，大作家爱默生能如此欣赏他吗？

转眼间，冬天到了。青年诗人继续给爱默生写信，但从不提起他的大作品。信越写越短，口气也越来越沮丧，直到有一天，他终于在信中承认，长时间以来他什么都没写。以前所谓的大作品根本就是子虚乌有之事，完全是他的空想。

他在信中写道："很久以来我就渴望成为一个大作家，周围所有的人都认为我是个有才华有前途的人，我自己也这么认为。我写过一些诗，并有幸获得了阁下您的赞赏，我深感荣幸。

“使我深感苦恼的是，自此以后，我再也写不出任何东西了。不知为什么，每当面对稿纸时，我的脑中便一片空白。我认为自己是个大诗人，必须写出大作品。在想象中，我感觉自己和历史上的大诗人是并驾齐驱的，包括尊贵的阁下您。”

“在现实中，我对自己深感鄙弃，因为我浪费了自己的才华，再也写不出作品了。而在想象中，我是个大诗人，我已经写出了传世之作，已经登上了诗歌的王位。”

“尊贵的阁下，请您原谅我这个狂妄无知的乡下小子……”

此后，爱默生再也没有收到这位年轻人的来信。

精神分析学大师弗洛伊德将空想命名为“白日梦”，是因为他认为白日梦就是人在现实生活中由于某种欲望得不到满足，于是通过一系列的幻想在心灵上得到满足，寻找心理平衡，其实就是逃避。过分沉湎于幻想中的人是逃避倾向很重的人，一个什么事都选择逃避的人，最终也只能是两手空空。

几乎所有的人，包括我们自己，经常会有一种强烈的“身份荣耀感”。我们以出生于一个良好家庭为荣，以进入一所名牌大学读书为荣，以有机会在国际大公司工作为荣。不能说这种荣耀感是不正当的，但如果过分沉醉于这种仅仅是因为身份带给你的荣耀，而不付诸行动，那么人生的境界就不可能太高，事业的格局就不可能太大，因为当我们陶醉于自己的所谓“成功”时。已经被真正的成功者看成了失败者。

在美国耶鲁大学300周年校庆之际，全球第二大软件公司“甲骨文”的总裁、世界第四富豪艾里森应邀参加典礼。艾里森当着耶鲁大学校长、教师、校友、毕业生的面，说出一番惊世骇俗的言论。他说：“所有哈佛大学、耶鲁大学等名校的师生都自以为是成功者，其实你们全都是失败者，因为你们以在有过比尔·盖茨等优秀学生的大学念书为荣，但比尔·盖茨却并不以在哈佛读过书为荣。”

这番话令全场听众目瞪口呆。至今为止，像哈佛、耶鲁这样的名校从来都是令人敬畏和神往的，艾里森也太狂了点儿吧，居然敢把那些骄傲的名校师生称为“失败者”。这还不算，艾里森接着说：“众多最优秀的人才非但不以哈佛、耶鲁为荣，而且常常坚决地舍弃那种荣耀。世界首富比尔·盖茨，中途从哈佛退学；世界第二富保尔·艾伦，根本就没上过大学；世界第四富，就是我艾里森，被耶鲁大学开除；世界第八富戴尔，只读过一年大学；而微软总裁斯蒂夫·鲍尔默在财富榜上进不了前十名，他与比尔·盖茨是同学，为什么成就差一些呢？因为他是在读了一年研究生后才恋恋不舍地退学的……”

艾里森接着“安慰”那些自尊心受到一点伤害的耶鲁毕业生说：“不过，在座的各位也不要太难过，你们还是很有希望的，你们的希望就是，经过这么多年的努力学习，终于赢得了为我们这些人(退学者、未读大学者、被开除者)打工的机会。”

虽然艾里森的话有些偏激，但并非全无道理。如果我们过分地沉醉在自己原来的成功里，幻想自己就是一个成功者，我们便是失败了。

其实，千万个幻想，都不如一个行动，行胜于言才是夺取成功的真正的金钥匙。

真正的成功者是时刻都会付诸行动的，“中海地产”的孔庆平就是这样的人。

中国房地产走到今天，有两大地产商——“中海”和“万科”真正做到了全国知名。然而，“万科”的王石今天已名利双收，无人不知，但是“中海”的孔庆平，却鲜有抛头露面的时候。

毕业于哈尔滨建筑大学，孔庆平是从“中海”一步一步走上来的。多年“中海”从业的经历，让他身上深深地打上了“中海地产”低调做人、认真做事的烙印。在任何场所，都只是谈“中海”的发展和未来。

孔庆平在“中海”工作的二十多年里，可以说见证了整个“中海”发展过程。也正是他少说话多做事，行胜于言的成功理念带领“中海”成为地产界品牌。

有好想法不行动，不付诸实行，是成就不了什么的。有人说，没有目标是人生最可怕的事。但在现实生活中，没有目标的人少之又少，而有目标却不付诸行动的人却随处可见。其实一个人成功，缺的并不是目标，每个人想成功的人，都拥有一个远大的目标，缺乏的是行动。

有两个儿子的父亲一天对大儿子说："儿啊，你今天到我的葡萄园去工作。"

"我不去，我不想工作。"老大回答说。

老大拒绝听父亲的话，就走开了。过了一会儿，他坐下想想，就懊悔自己的行为。他想："我错了，我不该违背父亲。我虽然说不去，可是我还是应该到葡萄园工作的。"

他立刻起身到葡萄园，使劲地工作，借以弥补他的过失。

这时，父亲又去找小儿子，对他说同样的话："儿啊！你今天到我的葡萄园去工作。"

小儿子一口答应："我去，父亲，我这就去。"

可是过了一会儿，小儿子想："我是说过我去，可是我并不想去。你以为我会在父亲的葡萄园工作吗？才不呢。"

过了几个钟头，父亲到葡萄园去看看。不料，竟发现老大在园里拼命地工作，却不见小儿子的踪影。

行胜于言，现实生活中像故事中小儿子那样的人比比皆是，他们只会一味地吹嘘，说自己能干，或承诺自己能怎么怎么样，到头来却只是坐在一旁空想成功。真正的成功者，时刻都能采取积极有效的行动，实现自己人生的目标。

俄国作家克雷洛夫说："现实是此岸，理想是彼岸。中间隔着湍急的河流，行动则是架在川上的桥梁。"理想再伟大，如果不落实，永远只能是空想。成功在于意念，更在于行动。

2. 忽视细节和小事，小心功亏一篑

老子说："天下难事，必作于易；天下大事，必作于细。"但现实中往往是想做大事的人很多，而愿把小事做好的人却太少。我们还是生活在一个大而化之、马马虎虎的毛病随处可见的环境中，"差不多"先生比比皆是，"好像"、"几乎"、"将近"、"大约"、"应该"、"可能"等，也成为习以为常的口头禅。

"千里之堤，溃于蚁穴"，要想成就伟大的事业一定不要忽视微小之处，必须注重细节。细节决定了一个人、一个企业的成败，1%的错误可以导致 100%的失败。

在英阿马岛之战中，阿根廷的"圣·路易斯"号潜艇至少有 3 次突破了英海军舰队的反潜巡逻线，寻觅到攻击英舰的绝好机会，并发射过 6 枚 SST－4 线导鱼雷，可惜无一命中目标。战后德国和荷兰的两位工程师应邀调查发现，主要原因是一位火炮军官在潜艇火控系统维护保养时，误把发射管中为鱼雷提供电源的双相直流插头极性接反，致使鱼雷出管后失去航向基准，只能在海里乱窜。有专家指出，假如这些鱼雷的电极不接反，英海军舰队将会遭到灭顶之灾，马岛之战或许会是另一种结局。

微小的量变可以致质变，忽视细节可致蚁穴溃堤的悲剧。西方有一个流传已久的民谣：丢失一个钉子，坏了一只蹄铁；坏了一只蹄铁，折了一匹战马；折了一匹战马，伤了一员将军；伤了一员将军，输了一场战争；输了一场战争，亡了一个帝国。这个民谣是"1%的错误导致 100%的失败"的又一例证。

一个做事不注重细节的人，是不可能获得成功的，华人首富李嘉诚说过："如果想成为领袖，无论从事什么行业，都要比竞争对手领先一步。"其实人跟人的竞争，企业和企业的竞争，也就是只差一步或两步，而注重细

节的人也就是赢在这一步或两步上。

罗兰·贝格咨询公司是欧洲最大的战略咨询公司，它的成功就是成功在其创始人、总裁罗兰·贝格身上。凡是与罗兰·贝格打过交道的人都知道，他不会忘记任何事情，哪怕是一件小事。

他每天都接触各色各样的人物，每一件事情他都会用录音机录下来，让秘书整理后打印出来并发给相关人员。同时，他会在每一份“内部备忘”上标明时间，到了这个时间，秘书就会把这个“内部备忘”重新放在罗兰·贝格的案头。所以，没有任何人能够侥幸地让他忘记一件他关心的事情。也正是这样，罗兰·贝格咨询公司获得了巨大的成功。

每个人、每个企业的失败多是由于忽略了细节，如果一个企业的管理者整天待在办公室里，而不善于发现问题，这家企业必然会问题百出。美国沃尔玛的总经理有一个习惯，在检查工作时，喜欢站在门口。他说公司到底碰到什么问题，顾客对公司有什么想法，要站在门口才能发现。所以我们也应该懂得把自己放在“镜子”前发现自己细微的缺点，这样我们就不会因为1%的错误导致100%的失败。

万捷是深圳雅昌印刷公司的董事长。雅昌公司于2003年、2005年两次获得美国印刷大奖。这是全球印刷界最高荣誉，相当于印刷业的“奥斯卡”。

我们都有过买书的经历，有时书一打开就发现，里面有一页不知谁踩了个脚印。这对我们来讲是个遗憾，对万捷来讲，是个问题。他会研究，这脚印是谁踩的，为什么会踩上去，纸摆在哪里，有几张纸可能会被踩到，通常什么时候踩到，以后如何不再被踩到？光一个脚印，他就研究了很久，从纸张的储存、搬运到切割、上机，他都要进行研究分析。

他说，做印刷品和搞服务是一样的，要强调质量、周期、交货、价格，还有售后服务和品质管理。

万捷搞印刷，会注意很多细节，比如：雅昌不会等到客户反映有几本书印得不好才补送，每次都备送几本；雅昌不会等别人说胶怎么脱落下来，才研究自己的胶有什么毛病；雅昌不会等人家说彩色套印不清楚，才研究自己的印刷机有什么问题……每个人的成功都不是偶然的，万捷的成功也一样。如果我们做人、做事也能像他一样，交给别人的是干干净净、整整齐齐，没有破损和短缺的成品，我们也同样能像雅昌一样拿到行业的“奥斯卡”。

成功学大师卡耐基说过：“一个不注意小事的人，永远不会成就大事业。”同样每一个有大成就、大事业的人，都是从一件件小事一步步走向成功的。武则天之所以能成为中国历史上的第一位女皇，也正是因为她把每一件小事都做成功。

最初，武则天是伺候唐太宗李世民的昭仪，地位卑贱，连后妃都算不上。她负责给李世民更衣。一般人做这个工作，只会说：“皇上，您今天想穿什么衣服？”但是武则天非常聪明，她做了几个衣架，把唐太宗经常要穿的几套衣服挂好，皇上一进寝宫，她就会问：“皇上，您需要穿什么衣服？”唐太宗可能一指，说：“第六件。”他会感到非常方便，也很舒服。

皇上更衣以后肯定要出去，皇宫的门槛很高，万一皇上被绊一跤，那多狼狈！武则天非常细心，在唐太宗要跨门槛的时候，马上跪下去，用手垫到门槛上，唐太宗的脚一抬，就发现武则天的手扶在那个地方。这个动作没有几个人会做，当他跨过去的时候，你猜他会怎么想？这女人真心细！

后来唐太宗要死了，觉得这个武则天太聪明了，留在皇宫肯定是个麻烦，会给他的儿子李治带来危险。唐太宗驾崩后，没有生育过的嫔妃们统统都要出家做尼姑，历史记载：武则天出家到感业寺。

如果武则天从此伴着青灯古佛，大概这辈子就到此画下个句号，但她是个非常细心且有谋略的人。她的机会来自李治，当唐太宗李世民还在世的时候，武则天便和他的儿子李治产生了感情。唐高宗李治即位后的第二年，唐太宗的忌日，李治到感业寺里进香，武则天牢牢把握住了这次改变命运的机会。

比如，李治上完香肯定是要就座的，皇上坐的椅子还能没有人擦吗？

虽然肯定很干净，但武则天还是要表现一下，在李治要就座的时候，她又用雪白的内袖擦一下。

武则天想方设法使唐高宗李治回忆起先前的恋情。武则天的美貌加上旧情，促使李治不再顾忌佛教教规和世俗礼教的约束，他经常来感业寺，并于两三年后重召武则天入宫。武则天一回皇宫就了不得了，犹如龙归大海。当然，她不能马上表现出权力欲，她非常内敛。

唐高宗李治有个头疼的毛病，武则天就体贴地说："皇上，您就歇着吧。"李治说："那些奏折怎么办呢？"

她回答："皇上，我批，您改吧。"

李治问："你行吗？"

她说："试试看。"

于是，武则天开始批阅奏折。武则天跟唐太宗李世民一样，都酷爱王羲之的字。河南偃师县有个升仙太子碑，上面刻的就是武则天的字，一看就知道是临摹王羲之的。通过她批的奏折，别人会感觉到她是一个很有文采的人。

在协助唐高宗处理军国大事，把持朝政三十年后，她终于亲登帝位。

从武则天的每一件细枝末节的小事上，我们看到了什么？"不积跬步，无以至千里，不积小流，无以成江海。"一个人想要成就大事，就必先把小事做成功，坚定不移、乐此不疲，把这个细节做到了极致。嘲笑他的人中，肯定有不少人才华、能力在他之上，可是最后只有他成了董事长。

一个细节可以让人成就大事业，一个细节也可以看到一个企业的成败。

在伦敦一家著名的酒店里，有个小女孩手上拿着一包巧克力，正跑着，"啪"地摔了一跤。全世界的小孩子都一样，一摔就哭了。大堂副经理马上冲过去把她抱起来，说："南茜，拿个面包来。"一个服务员马上跑到餐厅，拿了个面包过来。

显然，大堂副经理的工作里面没有这一项，但他第一个冲过去把孩子抱起来,给孩子以抚慰。这样的突发事件,固然不会对酒店产生多大影响,但是大堂副经理的抚慰却让酒店声誉提升一个高度。

在每一个细节上都做好,每一件小事上做到位,事情便没有不圆满,人生便没有不精彩,你也必定会踏上成功的征程。

请永远记住:细节可以"毁人不倦",也可以助你成就大事,关键在于你自己的态度。

3.急于求成还须谨记"欲速则不达"

急于求成也是我们本性中的弱点之一。很多人说起风就是雨,急急忙忙,乍乍呼呼,心急火燎地想把事情办好办成,谁知却往往事与愿违,越急越办不成,反倒误了我们好多事。所以,凡事"悠着点",别着急、慢慢来,一步一步踩踏实,才会离成功越近。

任何事情都有一个必须经历的过程,不可能一蹴而就。古时"以胖为美",古人就常告诫人们"不可能一口吃成个大胖子"。如今很多女士爱美减肥,总是希望一下子就能成为窈窕淑女,所以往往听信夸张的广告买了昂贵的减肥产品却收效甚微。就从这一点,我们就可以看到常人在各种诱惑面前是如何急功近利、急于求成了。

在小学课本里,我们就读过"揠苗助长"的故事。故事讲,宋国有个种田人,为了让自己田里的禾苗长得快一些,就到田里把禾苗一棵一棵往上拔,导致全部禾苗枯萎而死。长辈们也不止一次告诫我们,无论做何事都应该厚积薄发,而不能急于求成,但我们总是不愿脚踏实地一步步地走向成功,总想一步登天。这样的事例不胜枚举。

有一个小朋友很喜欢研究生物,很想知道那些蝴蝶如何从蛹壳里出来,变成蝴蝶便会飞。

一次,他走到草原上看见一个蛹,便取回家观察。几天以后,这个蛹出了一条裂痕，里面的蝴蝶开始挣扎，想抓破蛹壳飞出来。

这个过程达数小时之久，蝴蝶在蛹里面很辛苦地挣扎，怎么也没法子出来。小朋友看着不忍心，就想帮忙，便随手拿起剪刀把蛹剪开，使蝴蝶破蛹而出。

但蝴蝶出来以后，因为翅膀不够有力，飞不起来。

蝴蝶以后只在地上爬，因为它还没有经过自己奋斗将蛹打开然后飞出来的过程。

蝴蝶破蛹而出需要一个痛苦挣扎过程，而每个人的成功也都需要一个在失败与成功中挣扎的过程。没有人能够随随便便成功，没有经历风雨，谁都不会见到彩虹。我们做任何事都不能急于求成，急于求成的后果往往是一事无成。美国决策大师皮尔斯·卡特有一句名言："决策的最佳时机并不仅仅是快速，还应是适速。"

一个屡屡失意的年轻人千里迢迢来到普济寺，慕名寻到老僧释圆，沮丧地对释圆说："像我这样屡屡失意的人，活着也是苟且，有什么用呢？"

释圆静静听这位年轻人叹息和絮叨，什么也不说，只是吩咐小和尚："施主远道而来，烧一壶温水送过来。"

少顷，小和尚送来一壶温水，释圆老僧抓了一把茶叶放进杯子里，然后用温水沏了，放在年轻人面前的茶几上，微微一笑说："施主，请用茶！"年轻人俯身看看杯子，只见杯子里微微地冒出几缕水汽，那些茶叶静静地浮着。年轻人不解地问："贵寺怎么用温水冲茶？"

释圆微笑不语，只是示意年轻人说："施主，请用茶吧。"年轻人只好端着杯子，轻轻呷了两口。

释圆说："请问施主，这茶可香？"

年轻人摇摇头说："这是什么茶？一点茶香也没有呀。"

释圆笑笑说："这是福建的名茶铁观音啊，怎么会没有茶香？"

年轻人听说是上乘的铁观音，又忙端起杯子呷两口，再细细品味，还是放下杯子说："真的没有一丝茶香。"

释圆微微一笑，吩咐小和尚："再烧一壶沸水送过来。"少顷，小和尚便提来一壶冒着浓浓白汽的沸水，释圆起身，又沏了一杯茶，年轻人俯身去看杯子里的茶，只见那些茶叶在杯子里上下沉浮，随着茶叶的沉浮，一丝清香便从杯里溢出。嗅着那清清的茶香，年轻人禁不住去端那杯子，释圆忙微微一笑说："施主稍候。"说着便提起水壶朝杯子里又注了一些沸水。年轻人见那些茶叶上上下下沉浮得更厉害了，同时，一缕更醇更醉人的茶香升腾出杯子，在禅房里弥漫。释圆如是注了五次水，杯子终于满了，看着那绿绿的一杯茶，释圆笑着问道："施主可知道，同是铁观音为什么茶味迥异吗？"

年轻人思忖说："一杯用温水冲沏，一杯用沸水冲沏，用水不同吧？"

释圆笑笑说："用水不同，则茶叶的沉浮不同。用温水沏的茶，茶叶就浮在水上，没有沉浮，茶叶怎么会散逸它的清香呢？而用沸水冲沏的茶，冲沏了一次又一次，浮了又沉，沉了又浮，沉沉浮浮，茶叶就释出了它春雨般的清幽，夏阳似的炽烈，秋风一样的醇厚，冬霜似的清冽。世间芸芸众生，又何尝不是茶呢？那些不经风雨的人，平静地生活，就像温水沏的淡茶平静地悬浮着，弥漫不出他们生命和智慧的清香。而那些栉风沐雨饱经沧桑的人，坎坷和不幸一次又一次袭击他们，他们就像被沸水沏了一次又一次的酽茶，在风风雨雨的岁月中沉沉浮浮，溢出了他们生命的一脉脉清香。"

水温适合了茶自然溢出清香，工夫深了人生自然也能溢出清香。无论是谁，无论是哪一种成功，都是靠着一步步的积淀，功夫到家后，才获得成功的。切记不能急于求成，功夫到家了，自然能获得成功。

俗话说："欲速则不达。"急躁轻率，盲目冒进，只会四处碰壁。我们要想取得事业的成功，必须遵循事物发展的规律，有计划有步骤地进行。但是，现实中偏偏有些人爱耍小聪明，做事急于求成，结果事与愿违。

古时候有兄弟二人，很有孝心，每日上山砍柴卖钱为母亲治病。神仙为了帮助他们，便教他们可用四月的小麦、八月的高粱、九月的稻、十月的豆、腊月的雪,放在千年泥做成的大缸内密封四十九天,待鸡叫三遍后取出,汁水可卖钱。兄弟二人各按神仙教的办法做了一缸。待到四十九天鸡叫两遍时,老大耐不住性子打开缸,一看里面是又臭又黑的水,便生气地洒在地上。老二坚持到鸡叫三遍后揭开缸盖,里边是又香又醇的酒。

成功与失败、平凡与伟大,往往没有多大的距离,就在一步之间,咬紧牙关向前迈一步就成功了;停下了,泄气了,只能是前功尽弃。急躁冒进只能跟故事里的老大一样,既白费了原料,又没有尽到孝心。任何事都需要有耐性才能修成正果。

谁都没有想到显微镜的发明者竟然是荷兰西部一个小镇上的门卫,他叫万·列文霍克。为了让时光不会因在门卫这个无所事事的岗位上浪费掉,他选择了学习用水晶石磨放大镜片,磨一副镜片往往需要几个月的时间,为了不断提高镜片的放大度数,他一面总结经验,一面不间断地磨着。人们都不愿干这种单调重复的劳动,只有他不知疲倦,几十年如一日。直到第六十年他终于磨出了能放大三百倍的显微镜片,使人类第一次发现了细菌。于是他成了举世闻名的发明家,得到了英国皇家的奖励。

难以想象,六十年的岁月,一种单调的重复的劳动,需要多大的韧劲和耐劲。但是万·列文霍克做到了,所以他成功了。古往今来,大凡有成就者,都是能够耐得住气,滴水穿石,一步步走向成功的。但在生活中,常有人犯浮躁的毛病,他们做事情往往既无准备,又无计划,凭脑子一热,兴头一来就动手去干。

2005年,盛大巨额亏损。当时,盛大并购韩国子公司Actoz,付的是现金,初衷是为了解决版权问题。但事实上,游戏版权由Actoz及其参股子公司共同拥有,买了才知道,著名游戏《传奇》不是它设计的,而是它的母公司设计的。

韩国的Actoz是股价下滑的公司,但最糟糕的是,韩国的创始人拿了钱，带着一些人跑掉了。离开了掌握技术研发能力的核心团队，高科技公司的控股权根本没有任何意义，相当于买了一个空壳子。可以说，盛大当年亏损五六亿元人民币很大程度上就是因为这一失误。

很多企业都希望做大做强，因而不断去兼并其他企业，中国在海外的并购案中，类似于盛大这样并购还有明基并购西门子手机、TCL 并购法国汤姆逊，上汽集团并购韩国双龙。在这些并购案中看出，问题在一定程度上都出在急躁冒进上。

胡茂元是上海汽车集团掌门人，也是中国企业家排行榜上的常客。不过，上汽集团的投资决策也有过失误。

如果单纯看轿车产销量，上汽集团居于首位，但如果轿车跟卡车一起计算，那就是长春一汽排名第一了。因为上汽集团不太擅长做 SUV（休闲旅行车），于是找到了韩国双龙汽车公司。2004 年，上汽集团以 5 亿美元购买了韩国双龙汽车公司 48.9％的股份，成功控股这家公司，这是上汽集团在海外最大规模的购并项目。

但是韩国双龙并不是一家很好的公司，上汽集团买下来后发现，这是一个烫手的“洋山芋”，带来多少贡献还说不上，麻烦已经先来了。2006 年，在入主双龙一年半后，上汽集团遇到了其在韩国最大的挑战——长达 49 天的罢工。在这场名为“玉碎行动”的罢工中，工人们堵住了工厂的大门，数百名狂热的工会会员更是以三步一拜的激进方式游行抗议。罢工的原因是，工人们听信谣言，认为上汽集团没有在韩国长期投资的诚意，试图将核心技术和人才转移到中国，然后让他们自生自灭。这次罢工使上汽集团蒙受了不小的损失。

无论是名不见经传的普通人，还是赫赫有名的企业家，都容易犯急躁冒进的错误。所以我们无论什么时候都应该切忌冒进，急躁冒进只能事与愿违，只有慢工才能出细活。

4. 舍近求远者往往劳而无功

舍近求远者往往喜欢走弯路，一句歇后语这样形容："隔着井跳河，丢下灶王拜山神。"舍近求远，就是到别处去寻找自己身边就有的东西，这常常让我们错失脚下踩着的机遇、手心紧握的机会。

新疆沙漠深处，有过一次淘金热。当时由于淘金的人很多，沙漠里又缺水，因此水就特别宝贵。其中的一个人立即抓住这个机遇，放弃淘金去找水，他将找到的水净化后运到淘金的地方去卖，那些淘金的人们都争着用金子来换他的水。那个人虽然没有淘到一粒金子，但他却发了金子财。而真正的淘金者，却有不少人两手空空而归。无独有偶，闻名世界的"李维斯"牛仔裤，也是在淘金热中"淘"出来的。

19世纪中期，美国西部掀起一股淘金热潮，大做"淘金梦"的人从世界各地汇聚到此，一个名叫李维·施特劳斯的德国人，也千里迢迢跑到加利福尼亚试运气。

但是，李维·施特劳斯的运气似乎相当背，尽管拼命淘金，几个月下来却没有任何收获，使他懊恼地认为自己和金子没缘分，准备离开加州另谋生路。

就在他万分沮丧之际，猛然发现一个现象，那就是所有淘金客的裤子由于长期磨损而破旧不堪。于是，他灵机一动："并不是非得靠淘金才能发财致富，卖裤子也行啊。"

李维立即将剩下的钱买了一批褐色的帆布，裁制成一条条坚固耐用的裤子，卖给淘金客，这就是世界上的第一批牛仔裤。

后来，李维又细心地将牛仔裤的质料、颜色加以改变，缔造了风行全世界的"李维斯牛仔裤"。

不要去别处寻找自己身边的机遇，这时我们需要的就是去抓住它，而不是舍近求远，舍近求远只会让机遇与我们擦肩而过。

印度戈尔康达钻石矿被发现也有着一个传奇的故事。

有位叫阿里·哈法德的波斯人，住在距离印度河不远的地方，拥有大片的兰花花园、稻谷良田和繁盛的园林。他是这个地区最富有的人之一，富人过得很快乐，忽然有一天，一位年老的僧侣前来拜访阿里·哈法德，他向阿里·哈法德讲述钻石是如何形成的。最后，这位僧侣说："如果一个人拥有满满一手的钻石，他就可以买下整个国家的土地。要是他拥有一座钻石矿场，就可以利用这笔巨额财富做自己想做的任何事情，甚至可以把自己的孩子送至王位。"

阿里·哈法德听到这位僧侣的话非常兴奋，晚上他彻夜难眠，并告诉自己："我要拥有一座钻石矿，明天我就必须出发。"

第二天一大早，他就跑去询问那位僧侣在什么地方可以找到钻石。僧侣回答他说："只要你能在高山之间找到一条河流，而这条河流是流淌在白沙之上的，那么，你就可以在白沙中找到钻石。"阿里·哈法德卖掉了他的农场，把家交给一位邻居照看，就出发去寻找钻石了。

阿里·哈法德先前往月亮山区寻找，然后来到巴勒斯坦地区，接着又流浪到欧洲。他找了很多的地方，历尽千辛万苦，最后身上带的钱全部花光了，衣服又脏又破。在旅途的最后一站，这位历经沧桑、疲惫万分的可怜人站在西班牙巴塞罗那海湾的岸边，怀揣着庞大财富的诱惑，投海自尽了。

阿里·哈法德的故事是一个悲剧，但是这个悲剧又是戏剧性的。几十年后的一天，阿里·哈法德的继承人牵着他的骆驼到花园里饮水，发现在那浅浅的溪底白沙中闪烁着一道奇异的光芒，他伸手下去，摸起了一块黑石头，石头上有一处闪亮的地方，发出彩虹般美丽的光彩。于是，他把这块怪异的石头拿进屋里，放在壁炉的架子上，继续去忙他的工作，就把这件事忘掉了。

没过多久，曾经告诉阿里·哈法德钻石是如何形成的那个僧侣，又前来拜访阿里·哈法德的继承人。当看到架子上的石头发出的光芒时，他立即奔上前去，惊奇地叫道："这是一颗钻石！这是一颗钻石！阿里·哈法德已经回来了吗？"

"阿里·哈法德已经投海自尽了，他对你所说的钻石已经绝望了。"

"我只要看一眼，就知道它是不是钻石，"僧侣说，"这确实是一颗钻石！"然后，他们一起奔向花园，用手捧起河底的白沙，发现了许多比第一颗更漂亮更有价值的钻石。

他们发现的戈尔康达钻石矿是人类历史上最大的钻石矿，其价值远远超过南非的金百利。英国国王皇冠上的库伊努尔大钻石以及镶在俄国国王王冠上的那颗世界上最大的钻石，都取自那个钻石矿。

这像是一个戏剧化的故事，但它确实是存在的。它时刻在告诉我们：很多机遇本来就在我们的身边，只是我们总是一味地舍近求远，错失了最佳的机遇。机遇是这样神秘而重要，所以有多少人穷其终生满世界寻找实现心中梦想的机遇，可是往往会空手而归。因为他们跟阿里·哈法德一样，不知道最好的机会原来就在自己的身边，就在自己家的后院。

生活中，失败者通常以"我没有机会"为借口，他们将失败理由归结为没有机会垂青他们，好职位总是让他人捷足先登。而那些意志力强的人，绝不会找这样的借口。因为他们知道机会无处不在，正如比尔·盖茨常告诫员工说"只要你善于观察，你的周围到处都存在着机会"。所以只是我们没有抓住机会，而并非没有机会。

狮子偶然看到正在睡觉的野兔，正想把它吃掉，却又看到有一只鹿从旁边经过，就丢下野兔去追鹿。野兔被惊醒就逃走了。狮子追了很远，可还是把鹿追丢了，于是又回到野兔待的地方，但野兔早已跑掉了。狮子很难过地说："我真是活该，丢下已经到手的佳肴，偏去追求更大的对象，结果两样都得不到了。"

时间总是和机会紧紧地联系在一起，时间不等人，机会也不等人。那些舍近求远的人只会让机会从身边流失。只有与时间赛跑，才能抓住机遇，只有行动起来才能创造出更多的机遇。人可以没有钱，但是不可以没有行动。行动是成功的保障，只有行动才有成功的机会。

英国有个青年，从小在街上卖报，后来在书店和印刷厂当了7年工人，在这段时间里，他读了很多书，对科学研究产生了兴趣。后来他听说英国皇家学院要为戴维教授选拔助手，便去选拔委员会报名。一位委员听说他是个装订工人，便嘲笑他说："你是不是头脑发热了？"

年轻人又来到戴维教授的大门口，在门前徘徊了很久，终于鼓起勇气敲响了门，教授微笑地说："门没有关，请进来吧。"

"教授家的大门整天都不关吗？"年轻人疑惑地问。

"干吗要关上呢？"教授笑着说，"当你把别人关在门外的时候，也就把自己关在了屋里。"

教授听了年轻人的述说和要求后，写了一张纸条递给他说："你告诉委员会那帮人，就说戴维老头同意你报名考试。"

经过激烈的选拔考试，这位装订工人出乎意料地成了戴维教授的实验室助手。这个年轻人就是后来发明第一台感应发电机、发明存储电能方法、发现电解定律的法拉第。

世界上总有许多不幸的可怜虫，当机会向他们叩门时，他们视而不见，充耳不闻，因为他们正躺在床上睡大觉呢！他们不懂得行动，只是一味地等待，他们觉得，只有等待才会得到一个好机会，所以一直不行动。可是，他们不知道，机会是要靠行动去争取、去创造的，而不是等待。

伟大的成功永远属于那些用行动去创造、抓住机会的人，而不是那些只会等待机会的人。应该牢记，良好的机会完全在于自己的创造。如果谁认为个人发展机会掌握在他人手中，那他一定会失败。如果在困境中，林肯说"我没有机会"，这位生长在穷乡僻壤茅舍里的孩子，如何能入主白宫，成为美国总统？同时代有许多出生于良好家庭环境的孩子，他们有漂亮的学校，藏书丰富的图书馆，为什么成就反而不如一个茅舍里成长起来的苦孩子呢？不是有许多出生于贫民窟的孩子们成为议员，成为大银行家、大商人吗？那些大商店和大工厂，有许多不就是由那些“没有机会”的孩子们靠着自己的努力而创造的吗？所以，这世界上没有做不到的事，关键是我们会不会抓住、创造成功的机会。

在我们的工作、生活中，机会对每一个人都是均等的，只有懂得珍惜它的人，才知道它的价值；只有持之以恒地追求它的人，才能受到它的青睐。我们付出的愈多，抓准的机会就愈大；我们付出得越少，成功的机会就越渺茫。现在有些人把学业无建树，工作无绩效一概归咎于没有机会，还自以为自己才华盖世而不遇，那只会发“萋蒿隐没灵芝草，淤泥藏陷紫金盆”的感叹，永远也尝不到成功的甜果。只有能够抓住机会的人才有机会成功，而那些等待机会的人永远只能坐在木桩前守株待兔。

第七章　克服因循守旧，不断创新超越自我

日新月异的市场经济鞭策着每一个员工与时俱进。死守旧观念，必然阻碍新事物更好更快地发展，安分守己、不思进取、谨小慎微、随波逐流，必然会让自己的思想知识落后腐朽，而成为时代的“牺牲品”，过早地淘汰于市场。我们应该做的是解放自己的思想，改进我们的方法，创新我们的观念，提高我们的认识，锐意改革方可勇立潮头。

1. 安分守己阻碍创新之路

在很多穷人的眼里，命运的好坏、人的贫富都是上天注定的。他们宁肯相信天上会掉馅饼，也不会去相信自己。他们不知道也不愿意换个角度去审视命运，他们害怕变化，生怕变化会把自己的生活打乱。于是，他们宁可安分守己，固守原本就贫穷的生活。

不止一次看到过一个有趣的问题："为什么中国这么贫穷，而美国会如此富裕？"其中的因素当然有很多，但是这个问题很值得我们深思。

记者在西北山区采访时，在山坡上看见一个小男孩放羊，记者问小男孩："小朋友，你为什么不去上学，在这里放羊呢？"

小男孩悲伤地说："我家没钱，上不起学，放羊能挣到钱。"

"羊卖掉后，挣到了钱，去上学吗？"记者又追问道。

"我爹说了，攒够了钱给俺娶媳妇。"

"娶媳妇做什么？"

"娶媳妇生娃。"

"生娃做什么？"

"放羊！"

还有一个故事。

一个年轻学生，居然主动放弃了世界顶尖学府哈佛大学的本科学位。那一年，他已经是大三学生了，一张哈佛大学的烫金文凭，眼看就要到手了。要是你，做得出吗？——很难。但有人在 1975 年就做到了，他就是蝉联世界首富十几年的比尔·盖茨。19 岁的比尔·盖茨看到了微软视窗操作系统的发展前景，果断地放弃了大学学业。他对自己的选择是这样诠释的："我意识到软件时代到来了，并且对于芯片的长期潜能我有足够的洞察力，这意味着什么？我现在不去抓住机会反而去完成我的哈佛学业，软件工业绝对不会原地踏步等着我。”

从两个故事中我们看到了什么？看到一个安分守己的家庭生存的境况及一个善于打破常规、推陈出新的人生追求。看到了生存与生活的区别：生存只是墨守成规一代代延续下去；而生活则是为了活得更好，活得更有希望，抛开顾虑，打破人生的格局，开创新的生活。这正是导致中国与美国贫富悬殊的因素之一。

当然我们会说，对于那个放羊娃来说，安分守己不过是因为自身教育及其对外部世界了解得不够深刻所致。但是我们来看看终日忙碌、奔波，朝九晚五的白领们，或许他们谁都想过突破这种忙碌的生活。他们也想跟老板一样，翘起脚想几个点子就可以挣一大笔钱。但是为什么总没能去突破呢？因为我们骨子里始终有安于现状的思想在挤兑着“突破”。我们常会埋怨自己碌碌无为，成功不来敲自己的门，但是我们想过向前迈一步，突破固定的格局吗？

尹明善在1985年底下海成为中国最早的书商之一。尹明善有过出版社编辑的从业经历，还有过将一个外贸公司盘活的生意经历，在那个年代绝对算是书商中的精英。因此，他在这个圈子里很快就声名鹊起，通过4年的打拼，成为重庆市最大的民营二渠道书商。1989年，获利良好的尹明善居然果断地从民营图书业撤了出来，以致整整一仓库存书，被他用喊来的大卡车直接拉到废品收购站。尹明善拿得起放得下，没有半点的拖泥带水、磨磨蹭蹭。为什么放着稳定收入的生意不做呢？因为尹明善感觉这个行业被太多的“潜规则”束缚——“做出版业赚小钱可以，却没有可能做大做强”。他决定退出出版行业，另寻发展的途径。他这一退，导致现在的中国书商中少了一个默默无闻的之辈，多了一个身价20亿元的力帆集团老总。

我们可以成为第二个尹明善吗？当然，成功者之所以能做大事，因为他们的眼光、见地、气魄有一个大的格局。只要我们敢于铲除安分守己的绊脚石，敢于突破，把人生的格局做大，人生的路就会越走越宽广。

有这样一个有趣而又值得我们深思的试验。

如果你把六只蜜蜂和同样多只苍蝇装进一个玻璃瓶中，将瓶子平放，让瓶底朝着窗户，会发生什么情况？

你会看到，蜜蜂不停地想在瓶底上找到出口，一直到它们力竭倒毙或饿死；而苍蝇则会在不到两分钟之内，穿过瓶口逃逸出来。这是由于对光亮的喜爱，由于循规蹈矩，蜜蜂才灭亡了。

蜜蜂以为，囚室的出口必然在光线最明亮的地方。它们不停地重复着这种合乎逻辑的行动。对蜜蜂来说，玻璃是一种超自然的神秘之物，它们在自然界中从没遇到过不可穿透的大气层；而它们的"智商"越高，就越不能理解这种奇怪的障碍。

那些"愚蠢"的苍蝇则对事物的逻辑毫不留意，全然不顾亮光的吸引，四下乱飞，结果误打误撞地碰上了好运气。这些头脑简单者总是在智者消亡的地方顺利得救。因此，苍蝇得以最终发现那个正中下怀的出口，并因此获得自由和新生。

我们也时常自作聪明地认为自己既定的路是对的，一味地墨守成规，而不会像苍蝇一样此路不通时，选择迂回，所以常陷入绝境。当那些习以为常、耳熟能详、理所当然的事物充斥着我们的生活，使我们对事物失去新鲜感的时候，经验便成了我们判断事物的唯一标准，存在即为合理。我们就变得越来越循规蹈矩，越来越老成持重，却没有想到这一切让自己置身于一个没有后路的境地。

美国发明家爱迪生，年轻时曾和普林斯顿大学数学系毕业生阿普顿在一起工作，住在一个房间里。

阿普顿总觉得自己有学问，不把卖报出身的爱迪生看在眼里。爱迪生是个沉默寡言的人，从不炫耀自己，而且对阿普顿的自负和处处卖弄学问感到厌烦。为了让阿普顿把态度放谦虚一些，有一次，爱迪生把一只梨形的玻璃灯泡交给阿普顿，请他算算容积是多少。

阿普顿拿着那个灯泡，轻蔑一笑，心想："想用这个难住我，未免太天真了！"

他拿出尺子上下量了又量，还依照灯泡的样式列出一个个算式，数字、符号写了一大堆，算得非常认真，画了一张张草图，脸上渗出了汗珠。

过了一个多钟头，爱迪生见阿普顿还在那儿算个不停，便忍不住笑了说："不用那么费事，还是换个方法算吧！"

阿普顿仍固执地说："不用换，等一会儿我就能得到答案了。"

又过了半个钟头，阿普顿对自己的计算似乎还不放心，还在那里低头核算。爱迪生有些不耐烦了，拿过玻璃灯泡，倒满了水交给阿普顿说："去把这些水倒进量杯……"

不等爱迪生说完，阿普顿明白了什么是既简单又准确的方法，他那冒着汗的脸，"刷"地红了。他知道了，爱迪生确实不愧为伟大的发明家。

阿普顿是大学数学系的毕业生，计算是他的内行。当碰到"计算玻璃灯泡的容积"时，由于受他固有思维方式的影响，自然而然地是拿出尺子对灯泡量了又量，算了又算，他根本不会想到打破定式，采用简便的方法；爱迪生则不同，他能突破习惯思维的束缚，采用快捷的方法，立即便精确地求得电灯泡容积。

在面对困境时，只有打破定式，突破常规思维的习惯，不被老旧的观念所束缚，才能迅速求得常规思维所不能得到的解决问题的方案，不至于自绝后路的境地。

2. 不思进取等于坐以待毙

不思进取乃职场大忌，一个不思进取的人缺乏激情和动力，他们往往喜欢悠闲舒适的氛围而承受不了工作压力，不会迎难而上，也不想有所作为。其实，没有高学历不可怕，缺乏工作经验也不可怕，但是对职场人士来说，缺乏进取心却是件很可怕的事。因为不思进取、一味求安稳会渐渐磨灭掉一个人的工作热情和斗志，他不注重提升职业素养和工作效率，也就很难适应社会的快速发展。

杰克·伦敦写出《马丁伊登》后，文名鹊起，财源滚滚，不仅在美国加利福尼亚州建了别墅，而且在大西洋海滨购置了豪华游艇。然而拥有这一切之后，厌倦、空虚、落寞和无聊也接踵而至，最后他被这些给弄疯了。1916 年他在自己的大别墅里开枪自杀。

生活中像杰克·伦敦这样富有潜力，满怀希望地出发，最后却在半路停下来的人有很多。他们一旦取得一点成绩就停滞不前，丧失进取心，然后庸庸碌碌地度过余生。每个人都想拥有一个好的前程，但是安于现状的人性弱点又总是打消前行的勇气。所以当取得一定成绩后，应该时刻告诫自己不要满足现状，而应该像刘永好一样有一颗顽强向上的进取之心。

1982 年，刘永好找准机会，说动了三个哥哥，毅然辞去人人羡慕的公职及舒适的都市生活，来到偏僻的四川省新津县古家村，开始实施他酝酿多时的致富计划。

1000 元的资本决定了他们只有从小本经营起步。首先种了一季良种番茄，接着饲养良种鸡，孵良种鸡雏。后来搞孵抱的人多了，刘永好又瞄准新的致富门路，及时地改为经营鹌鹑养殖。几经奋斗，到 1986 年时，原始积累已达 1000 多万元。他们的育新养殖场成为全国最大的鹌鹑养殖基地，并将企业更名为希望公司。

就在鹌鹑养殖日渐红火，同时也带动周围群众养殖鹌鹑时，刘永好冷静地分析：当有 10 家企业来与他瓜分固定地域的市场时，他将无法保持原有的利润。这时，谁创立新项目，谁就拥有最新的市场。

“养殖不能没有饲料，何不转产饲料呢？”1988 年，在与兄长讨论后，四兄弟杀掉了曾为他们创造巨额财富的15万只鹌鹑。在惊叹和关注中，四兄弟投资200万元兴建了西南最大的饲料研究所——希望研究所。经过两年时间，希望饲料研究所终于成功研制出了“希望牌”饲料(该饲料后来被饲料界誉为中国饲料一号，一炮打响。)

当希望公司取得阶段性成功时，刘永好并未满足现状，而是在寻求更大的发展。此时，他把目光移到了那些常年亏损、产品滞销的国有企业上。他想如果将国有企业与民营企业的优势加在一起，可能会产生1+1>2的效应。1993年6月，刘永好与一家连续亏损5年的国营浓缩饲料厂签了协议。后来事实证明了这一举措的成功：希望集团接手后，正式投入生产的第一天，销售额就达到了108万元人民币。

1995年，为了更好地推行现代企业制度的管理体制，集团内部进行了分区管理：刘永好坐镇“南方公司”，与二哥刘永行的“东方公司”各展身手，共同发展。1997年初，他又剥离其在南方国内公司的部分资产，并追加投资，以1.6亿元注册资金成立了具有独立法人资格的“新希望集团”。

1998年，刘永好在新希望的发展战略上第一次掷地有声地提出来新希望要进行“适度多元化”发展的方针。1998年3月，刘永好用自己1/10资产注册的四川新希望农业股份有限公司在深圳交易所挂牌上市。1999年增资收购了中国唯一的民办商业银行——民生银行的1.2亿股股权。1999年6月，投资2000万元的永好科技公司成立。这是一个完全靠高科技企业模式运作的公司，公司实行资金入股、管理入股、技术入股，企业创业者是打工仔，也是拥有股权的老板。为了应对WTO的挑战，1999年新希望走出了国门，在越南胡志明市投资4000万元建成了一家饲料厂；在河内投资3000万元建成了一家饲料厂。

逆水行舟，不进则退，因为刘永好不安于现状，才辞掉公职，下乡“孵鸡”，富足后仍不断进取。所以能在2002年，跻身胡润中国富豪榜第五名。

无论如何都不应该安于现状，而应不断进取，否则就只能原地踏步，乃至被社会淘汰。

在非洲大草原上生活着两个物种——羚羊和狮子。每天清晨，羚羊醒来想的第一件事就是，我必须比跑得最快的狮子还要快，否则，就会被吃掉。而狮子想：要想得到美餐，我必须比跑得最快的羚羊快。于是在广袤无垠的大草原上，无时无刻不在演绎着惊心动魄的生死搏杀，优胜劣汰的自然法则在这里体现得淋漓尽致。

现实生活中优胜劣汰又何尝不如此？

空调行业是高淘汰率的行业，2008 年，一年时间就有 18 个空调品牌被淘汰出局。但是在这个竞争激烈的行业，“美的”却始终稳居首座。其成功的原因就在于跟非洲的两个物种一样，每天清晨的第一件事，就是告诉自己，如果不跑得快一些，就会被人淘汰。自 2000 年以来，“美的”一直坚持技术创新和快速产业化。它不仅提升了空调的风量、制冷制热能力和能效比等关键技术指标，更大大缩短了空调器的开发周期，节省了大笔开发费用。美的新产品开发周期缩短 3 个月；新产品首次样品开发成功率在 95%以上。因为“美的”的危机意识及不断进取，才成为竞争激烈的空调行业的常胜将军。

20 世纪 70 年代，欧美一些未来学家预言：人类跨入 21 世纪时，每周的工作时间将压缩到 36 小时，人们将会有更多的时间提升自我，休闲娱乐。但历史的脚步迈入 21 世纪时，人们却惊讶地发现，相当多的人每周工作时间却在增加，甚至超过了 72 小时，而有不少人却被“剥夺”了工作权力，被市场无情地淘汰。未来学家们的美好预言被残酷的事实击了个粉碎。

假如你不淘汰昨天的自己，可能明天你就会被别人淘汰。每一个成功者都是在这样的近乎残酷的竞争中成长的。我们必须时刻记住——要学会自我淘汰，淘汰掉昨天的你，淘汰自我满足的你，积极进取，才能在日新月异的时代中立足。

3. 谨小慎微，不敢冒险就会错失良机

面对诱惑与危险并存的发财机会，我们是要谨小慎微，缩手缩脚，在考虑了一万遍之后也不敢放手去做，还是要冒着“枪打出头鸟”的风险和抱着“风险越高，收益越大”的心态去放手一搏呢？相信大多数人都会选择前者，因为现实给了他们太多所谓的教训。

石油大王洛克菲勒在给儿子的信中写道：“没有维持现状这回事，不进则退，事情就是这么简单。谨慎并非完美的成功之道。不管我们做什么，乃至我们的人生，我们都必须在冒险与谨慎之间做出选择。而有些时候，靠冒险获胜的机会要比谨慎大得多。”

诸葛亮是个了不起的人物，但如通常所说，也并非完人。性格上的过于谨慎是他的弱点。他六出祁山而无大的建树，与此不无关系。

在他第一次进兵中原时，魏延曾经献策，愿领精兵五千，分道由子午谷进兵。这是一条捷径，如能得手，“不过十日，可到长安”。但诸葛亮认为这一方案风险很大，不是“万全之计”，是过低估计了对手。于是谨慎行事，依法进兵，从陇右平坦大路逐步推进。不久，司马懿复出，街亭失守，败局已定，只得退兵。这次兴师，虽然擒了夏侯口，败了曹真，但对魏国并无多大挫损。

根据某些军事家分析，从当时敌情、地形、路线等情况来看，魏延的建议颇有见地。如果诸葛亮采纳，很可能一举夺下长安，收复三秦。司马懿后来有段话对此作了证明。他说：“诸葛亮平生谨慎，未敢造次行事；若是吾用兵，先从子午谷径取长安，早得多时矣。他非无谋，但怕有失，不肯弄险。”诸葛亮弃捷径而兜大圈子，延缓了进攻时间，难以出敌不意，而且导致疲众劳师，结果等来了劲敌司马懿。苦心准备多年的进攻告吹于一旦。

遇事三思而行，固然可以求稳，但过分谨慎就会错失机会。或许是有些人因为低调、保守的缘故，做事多很谨慎，下一步的路必须铺好了才会迈脚。《福布斯》中国内地百富榜前编制者胡润在解读中国财富品质榜时说，中国内地企业家最看重的财富品质首推“诚信”；其次为“把握机遇”、“创新”、“务实”、“终身学习”、“勤奋”、“领导才能”、“执著”、“直觉”，而被外国企业家最看重的财富品质“冒险”却居末位。胡润称，如果以5分为满分，在企业家群体中，得分最高的“诚信”4.9分；其次为把握机遇4.8分；而“冒险”只有2.4分。

商界有句名言：哪里有利益，哪里就有风险，利益越大的地方风险就越大。也就是说商界总是与冒险意识、冒险精神息息相关，但是从胡润的分析来看，商界却缺乏冒险精神，更何况其他领域。

在现代社会，无论是个人还是企业，都需要冒险精神。正如商海女杰菲奥里纳在面对戴尔、IBM等领先者时对惠普员工说：“以前我们要做到95分才推出，现在我要求80分时就推出，然后慢慢改进；以前是瞄准、准备、开火，在网络时代，瞄准了就要开火，没有时间准备。”机会与风险往往是并存的，我们必须善于发现新生事物，并对新生事物有强烈的探求欲；必须敢于冒险，即使没有十足把握，也应果断地尝试。

主人外出，招来三个仆人，按他们不同才干分配银子：A五千、B两千、C一千。主人走后，A、B二人用所得银子做生意，分别赚了五千、两千，C仆人谨小慎微，为显示对主人的忠诚，将一千两银子埋了起来。主人回来后，对A、B二人赞赏说：“好，我要把许多事派你们管理，让你们享受主人的欢乐。”对C仆人，斥其懒惰与胆怯，逐出门外，并将一千两银子奖赏给已拥有一万两银子的那位仆人。

现代社会需要的品质不仅是忠实，更渴求胆识。过分谨慎，缩手缩脚，从不冒险的人顶多维持不亏本的境地，而取得卓越成功的通常都是有胆有识、敢冒风险的人。

人生本来就是一场冒险，那些希望一生平安不敢冒险的人，永远都不会成功。不冒点风险，怎么会有出人头地的机会呢？冒险总是与收获结伴而行的。哥伦布如不航海探险，能登上新大陆吗？达尔文不亲身探险，搜集资料，能完成巨著《进化论》吗？股市风云中，没有接受挑战的行动，能获得巨额财富吗？

当机会来临时，不敢冒险的人，永远是平庸之人。而具有乐观风险意识的人则不同，他们往往就是发大财的人。不要因为有一点点风险就裹足不前，不冒点风险，会一事无成。人生最大的危险就是不敢冒险。

众所周知美国纽约是世界金融中心，而华尔街更是纽约金融界的晴雨表，它是美国经济繁荣的象征。华尔街的真正大佬是摩根，发展到今天，摩根财团已经是有百年历史的世界富豪。虽然世界经济风云变幻，但摩根财团的地位并没有因此而动摇。摩根财团有这样的地位，应该首先归功于它的创始人——摩根，因为摩根，摩根财团才能叱咤风云，才能有今天的荣华富贵。

1837 年 4 月 17 日，摩根出生于美国康涅狄格州小城一个富有家庭，其祖父和父亲都是成功的商人。也许是在这种家庭长大，摩根从小就具有经商天赋，富有冒险和投机精神。

1857 年，20 岁的摩根从德国哥廷根大学毕业后，进入了邓肯商行工作，在查尔斯·达布尼的指导下做会计工作。

当时，年轻的摩根身材魁梧，神采奕奕，风流倜傥，深邃的双眼闪耀着蓝色的光芒，锐利的目光似乎能够洞穿人心，为人处世沉稳老练。因此，摩根虽年龄不大，却给人们留下了老谋深算、值得信赖的印象。

摩根是一个很有心计的人，特别是在时间管理和利用方面，他更是独具匠心。比如，就是短暂的休憩也会被他充分利用上。其他人在休息室闲来无事，不知该怎样打发时间，唯独摩根争分夺秒，抓紧时间步出码头，一边放松身心一边观察世情，寻找可能利用的商业机会。

有一次，他去古巴哈瓦那为商行采购鱼虾等海鲜归来，路过新奥尔良码头时，遇到一位陌生人。那人看摩根像是做生意的，便自我介绍说："我是一艘巴西货船船长，为一位美国商人运来一船咖啡，可是货到了，那位美国商人却已破产了，这船咖啡只好在此抛锚。您如果能买下，等于帮了我一个大忙，我情愿半价出售。但有一条，必须现金交易。”摩根跟随巴西船长一起看了货，又思考了一会儿，就打算买下这些咖啡。于是他带着咖啡样品，到新奥尔良所有与邓肯商行有联系的客户那儿推销。经验丰富的职员要他谨慎行事，价钱虽然让人心动，但舱内的咖啡是否同样品一样，谁也说不准，何况以前发生过船员欺骗买主的事。但摩根已下了决心，他以邓肯商行的名义买下全船的咖啡，并发电报给纽约的邓肯商行，说已买到一船廉价咖啡。

但邓肯商行回电严厉指责他，不许摩根擅用公司名义，让他马上取消这笔交易。摩根只好发电报给伦敦的父亲求援。在父亲的默许下，摩根用父亲在伦敦的户头偿还了原来挪用邓肯商行的金额。他还在那名船长的介绍下，买了其他船上的咖啡。

事实证明摩根的冒险赢了。就在他买下大批咖啡不久，巴西的咖啡产量因为受寒潮侵袭而暴减，市场上居然出现了断货的情形。俗话说，物以稀为贵，此时咖啡的价格一下子猛涨了2～3倍，使敢于冒险的摩根大赚了一笔，不但邓肯对他赞不绝口，就连老摩根也对儿子大大赞赏了一番。

年轻的摩根凭着自己的冒险精神，掘取了自己人生的第一桶金，从而开始了自己的金融冒险事业，建立起摩根财团。

英国小说家萨克雷说过：“大胆挑战，世界总会让步。如果有时候你被它打败了，不断地挑战，它总会屈服的。”胆识在成功者的人生旅程中是非常必要的。哲学家康德说：“人的心中有追求无限和永恒的倾向，这种倾向最直观的表现就是冒险。”然而，在现实生活中，大多数人总是不敢走冒险的捷径，他们都拥挤在平坦的大路上，四平八稳地走着。这条路虽然平坦安宁，但距离人生风景线迂回遥远，他们永远也领略不到奇异的风情和壮美的景致，最后只能平平庸庸、清清淡淡地过一辈子，走到人生尽头的时候，常常又为之而感慨、悔恨。

4. 随波逐流小心逐浪而翻

随波逐流的人就像没有自我意识的羊。放羊人牵了一只领头羊，后面数十只羊都会跟去。就算走向屠场，也没有一只羊肯离群，而另觅生路的。随波逐流的人也像从众的鸭子，赶鸭的人把数百只鸭放在河里，不需用绳子系住，群鸭自能互相追随，聚在一块儿。上岸的时候，赶鸭的人只要赶上一只，其余的都会跟了上岸。即使在四通八达的港口，也没有一只鸭肯离群而走自己的路的。

很多人就像这些盲从的羊和鸭子一样，没有自己的目标或目标模糊，心时常如飘忽不定，即便被人牵着鼻子入了虎口，自己也浑然不觉。

有这样一个笑话：一场多边国际贸易洽谈会正在一艘游船上进行，突然发生了意外事故，游船开始下沉。船长命令大副紧急安排各国谈判代表穿上救生衣离船，可是大副的劝说失败。船长只得亲自出马，他很快就让各国的代表都弃船而去。大副惊诧不已。船长解释说："劝说其实很简单。我就告诉英国人说，跳水是有益健康的运动；告诉意大利人说，不那样做是被禁止的；告诉德国人说，那是命令；告诉法国人说，那样做很时髦；告诉俄罗斯人说，那是革命；告诉美国人说，我已经给他上了保险；告诉中国人说，你看大家都跳水了。"

我们盲从的陋习就是：只要看到大家跳了就会选择跳下去。我们为什么会缺乏主见呢？来看看这则故事便知。

有一次，我国元代的理学家、教育家许衡和几个朋友一起在盛夏的骄阳下赶路，行程的劳累使他们口干舌燥。路遇一棵梨树，那诱人的梨使同伴们个个欣喜若狂，争先恐后地摘梨解渴，唯独许衡正襟危坐在树下。同伴们惊奇地问他为什么不摘梨子，他回答："不是自己的东西，怎么可以随便食用呢?”同伴们劝他:“在这动荡不安的年代,这棵树恐怕已经没有主人了。”

许衡答:“梨树无主,难道我们的心也无主吗?”

就是因为心在趋之若骛下没了主,所以才失去了独立的思考及判断。很多人人云亦云,盲目地追求时尚,断然不知道,那些流行的、时尚的东西有时候不但不属于自己,反而会让自己变得平庸。孟子说:“行之而不著焉,习矣而不察焉,终身由之而不知其道者,众也。”意思是说,做一件事不明白为什么要做,习惯了不想想为什么的习惯,一辈子随波逐流不知往何方的人是平庸的人。

人生在世,无论在什么诱惑、磨难面前,都能够剖析自己“吾心中是否有主”,就不会随波逐流,也就不会丧失自己的尊严。坚信自己的选择,坚信自己的信仰,执著不屈。做人贵在有自知之明,有主见。选自己的目标,走自己的路,你才是自己的主人。

成功的人生,既不随波逐流,也不自以为是。而失败的人生却是随波逐流,没有方向,没有个性,又时常去取笑那些特立独行者愚笨、不正常,浑然不知自己虽然表面上正常,实际上早已沦为别人的奴隶,只能一辈子平庸度过。欲成功者,应该坚持自己,勇敢地做自己,不盲从,不随波逐流,更不会像鹦鹉学舌一样,人云亦云,应该说自己的话,因为每个人都是独立的个体,都有属于他个人的个性与主张。

每一个人都是独一无二的,都具有与众不同的特性。这种特性可以表现在生理素质和心理素质上,也可以表现在社会阅历和人际关系上。与众不同的特性是一个人走向成功和自由的基础,但是这种特性因为社交等各种因素的影响,渐渐被人们忽视,或被故意地抹杀掉。

在交际的圈子里,如果一个人的个性过于张扬,就容易锋芒毕露,引来不必要的麻烦。所以我们就渐渐流于平庸,以致最后变得庸庸碌碌。

做自己需要超乎常人的勇气。武则天担着骂名打破了历史上只有男人才能称王的规则,成了史无前例的女皇,这需要勇气。一代诗仙李白,忍着高官俸禄的引诱,做回自己,发出“安能摧眉折腰事权贵,使我不得开心颜”的豪言，这需要气魄。做自己需要耐住寂寞，扛得住诱惑。但在寂寞、诱惑中，独立个性定能将自己抬升到一个新高度。

在华语音乐颁奖典礼上，周杰伦说出了自己成功的箴言：“我喜欢我的音乐，我坚持我的音乐，谁叫我是周杰伦?”正是因为他坚持自己的风格，坚持自己的音乐，他才有今天的辉煌。曾几何时，他买不起缎质床单、杜卡迪摩托车，也没有追星族尖叫陶醉在他的演唱会上，更没有少女们像朝圣般摸一摸他坐过的钢琴坐椅；有的只是这一小块空间从皮沙发到蓝绿色墙壁间的金黄色地板，坐落在东台北这一栋灰色大楼上，阿尔发唱片公司的录音室。就是在这种情况下，他仍坚持自己的音乐风格，所以最后终于得到了包装推广，成了一代“音乐教父”。罗大佑曾评价周杰伦：“如果说现在音乐的影响力的大小话，我觉得周杰伦就是一代‘音乐教父’。”从出道到现在他一直坚持创作，虽然有时候恶评如潮，但是他仍坚持自己独特音乐风格，所以才会得到无数人的喜爱和支持。

坚持自己很难，特别是在如今潮流如海浪般一波接一波侵袭而来的年代。我们很容易就陷入权威怎么说，我们就怎么做；众人怎么做，我们就也怎么跟的盲从怪圈，所以很容易迷惘，很容易就迷失了自己，而变得随波逐流，毫无主见，毫无个性。

当然，模仿别人并不是完全不可以。有时候，模仿一些成功者的想法和做法也是必要的。但是，不能一味地模仿，应该在模仿的时候找到自己的亮点，只有找到了自己的亮点，自己才能亮起来，否则只能流于模仿的平庸之辈。

卓别林开始拍电影时，电影导演坚持要卓别林去学当时非常有名的一个德国喜剧演员，可是卓别林直到创造出一套自己的表演方法之后，才开始成名。鲍勃·霍伯也有相同的经历，他多年来一直在演歌舞片，结果毫无成绩。一直到他发展出自己的搞笑本领之后才成名起来。威尔·罗吉斯在一个杂耍团里，不说话光表演抛绳技术，持续了好多年，最后才发现他在讲幽默笑话上有特殊的天分。

玛丽刚刚进入广播界时，想做一个爱尔兰喜剧演员，结果失败了。后来她发挥了自己的本色，作为一个从密苏里州来的、很平凡的乡下女孩子，结果成为纽约最受欢迎的广播明星。

追逐大众潮流、赶时髦固然可以让我们时尚，让我们变得更具魅力，但是一个人真正的魅力却来自自身的个性。你就是你，不是别人，世界也无需你成为别人，我们也成为不了别人。所以无论想在哪个领域中获得成功，都必须保持自己的本色，培养自己的风格，坚持自己的风格，最后定能变得耀眼夺目。

第八章　克服社交障碍，不卑不亢赢得人缘

卡耐基说过，人的成功，百分之三十来自能力，百分之七十来自人际关系。所以平时应正确培养自己的社交能力。在我们的工作环境里，建立良好的人际关系，得到大家的尊重，无疑对自己的生存和发展有着极大的帮助，而且有一个愉快的工作氛围，可以使我们忘记工作的单调和疲倦，也使我们对生活能有一个美好的心情。遗憾的是，我们常常听到不少人对怎样处理好办公室里的人际关系感到棘手，抱怨甚多。其实，只要我们为人正直，心怀阳光，用心并努力，做个受人喜爱的员工并不是很难的事。

1. 认识职场人际关系的重要性

如果一个人想要取得成功,人际关系非常重要。人际关系多,人际关系圈子大,那么事业成功的几率也就大,赚钱的几率也就会大。如果你拥有最棒的能力以及最好的产品,可是在人际关系圈中却一个人也不认识,那么,你会赚钱吗?答案应当是不言而喻。因为世界著名的成功学大师卡耐基早就得出了结论:人的成功,30%来自能力,还有70%来自于人际关系。可见人际关系对于职场竞争和人生的成功,至关重要。

在职业生涯中,人际关系是一个十分重要的课题,那些刚走出学校大门、自我意识较强的新员工们,来到社会错综复杂的大环境里,理应在人际关系上调整好自己的坐标。而对于在公司企业的职业人士来说,良好的人际关系更是舒心工作、个人成功的必要条件。这一点,并不需要多加解释,因为事例随处可见。

《水浒传》中的宋江,他原本只是山东郓城县的一个小吏,他的日子过得猥琐到被"小妾"阎婆惜戴了绿帽子。从他在酒醉后题在浔阳楼的反诗来看,当时胸中也是没有统帅百万雄师的一点壮志。然而,这样一个小人物,日后却摇身成为威震四方的英雄。其中的原因就是他的关系。宋江之所以能够威望一时,靠的还是吴用、武松、林冲……所谓孤掌难鸣啊。俗话说:一个篱笆三个桩,一个好汉三个帮。卫星升空,要靠火箭助推。人借助外力,犹如借梯登高。

其实,每个人的身边都有一座金矿,看你是不是发现它,能不能挖掘它。这个金矿就是人际关系,是待开发的资源。一个人的力量是有限的,孤军奋战、单打独斗,很难成为行业的常青树。人际关系是职业生涯中一个非常重要的课题,特别是对大公司企业的职业人士来说,良好的人际关系是舒心工作、安心生活的必要条件。

所以说,处理好与各种人际之间的关系,营造和谐亲善的人际关系,打造自己的人脉关系网,对于每一个员工都是必要而且重要的。

2. 人际关系处理原则和方法

具体来讲,和谐的职场人际关系有以下处理法则:

(1)换位思考

人们观察问题时都习惯性的从自己的角度出发,只顾及自己的利益、愿望、情绪,一厢情愿地想当然,因此,常常很难了解他人,很难和别人沟通。现实生活中,公说公理、婆说婆理,各讲各的、各忙各的,这样的现象随处可见。大到两个集团、两个民族小到两个班组甚至两个人之间也是如此。事实上,只要站在客观的立场就会发现,冲突的双方几乎完全不理解对方,完全不体谅对方。想处理好自己和他人的人际关系,最需要做的就是改变从自我出发的单向观察与思维,而要从对方的角度观察对方,替对方着想,也即由彼观彼。在此基础上,善解他人之意。如此处理人际关系,就有了更多的合理方法。不能由彼观彼、善解人意,就没有别开生面的新人际关系。

(2)平等待人

不强求别人,这个原则是处理人际关系必须遵循的“金科玉律”。这是真正的平等待人,是古往今来都适用的平等精神。人是生而平等的,每个人的人格和尊严都应该受到尊重。如果不懂这一点,那就会有那么多的一厢情愿,就会有那么多的无理待人。“己所不欲,勿施于人”,这句古语讲得很有道理。无论是对同事、部下、朋友、合作伙伴、恋人,都该遵循。这是古人在长期的社会生活中总结出来的经验,是我们为人处世必须遵循的规则。

(3)学会分享

当你把快乐和别人分享时,你的快乐就变成了两份快乐;当你把你的点子和别人分享是,就会有更多思想的火花。有人说过:如果我有一种思想，你有一种思想，我们分享就会得到两种思想。分享，往往让一个人获得更多的知识、更多的技能、更多的资源，也可以让人结识更多的朋友，得到更多的温暖，也会让我们拥有更多的人脉资源，更有利于我们的发展和成功。

(4)欣赏他人

每个人都希望得到欣赏与鼓励，得到欣赏与鼓励能给人以生活与奋斗的强大动力。在很小的时候，父母的欣赏会使我们积极兴奋地上进发展，老师的欣赏会使学生废寝忘食地努力学习。进入社会后，领导和同事的欣赏是一个人工作的最大动力之一。善于欣赏他人，就是给予他人的最大善意，也是最成熟的人格。如果得到的欣赏太稀缺，天才也会枯萎。我们同样也需要欣赏与鼓励，那么为何不先给予他人欣赏与鼓励呢？

欣赏他人必须要能胸有雅量，能容人，能谅人，欣赏别人的优点，忽视别人的缺点。欣赏他人不仅能让自己学习他人的优点，还能赢得别人的信任和尊重，你的人缘也会越结越广。

(5)乐于付出

这个世界上没有免费的午餐，天上也不会掉馅饼，你的所得总是与你的付出成正比的。哲人早就说过："你给别人所需要的东西，别人也将还他所需要的东西。"这句话是搞好人际关系的至理名言。

(6)待人以诚

诚信待人，在别人那里造成一种良好的第一印象，也塑造自己的美德与品牌。"一诺千金、恪守诚信"，是中国人最尊崇的美德，也是人际交往的基本原则。诚实守信就如一根坚定的纽带，让我们建立起心灵的桥梁，彼此相通，让我们坦然相对，构建美好的关系。诚信是什么？诚信就是说话算话、说到做到，这样就能得到别人的尊重，赢得别人的信任。诚信待人，诚信做事，可以使我们理直气壮，正气凛然，心胸开阔，心无挂碍。诚信不仅是一种待人的态度，本身就是生活的质量。因为诚信不仅会赢得别人的尊重，更重要的是会使我们自己心地坦荡、无愧天地。

(7)宽容待人

古人讲究和气生财。不仅在商业中，在方方面面，和气的性格都是成功的要素。两个商家卖同样的东西，一家拉长着脸，不给人好脸色，一家满脸和气，显然后者的生意做得好得多。和气待人，宽容待人，同样是一种境界。当我们和气宽仁地对待所有人时，我们的身心也就愉悦了，心胸也就开阔了。

(8)持之以恒

在处理人际关系时，不能急功近利，追求短期效应，讨好一切人，应酬好一切关系。这是拙劣低下的表现，是一种虚假。这可能奏效一时，但难以维持长久，真正和谐的人际关系不是一种应付和差事。而是我们自然的流露，而且是不管什么时候，在什么地方，对待什么人都以真诚的态度来对待。这样才能真正获得和谐的人际关系。

(9)雪中送炭

予人温暖才是真正的助人为乐。当别人需要帮助时，你要尽力去帮助。患难见真情，患难出真交。每个人都在内心深深的记住那些在自己困难的时候帮过自己的人。相反，那些在他人得势时如同跟班的人，到后来都不知到哪儿去了，正所谓“人走茶凉”。所以，“雪中送炭”远胜过“锦上添花”，因为越是危难越见人心，也越能表达出真正的情谊，越能赢得真正的友谊。

(10)以德报德

在生活中，有些人有恩于你，有些人伤害过你，那我们该如何对待这些德和怨？以德报德，是没有疑义的。别人帮助了我们，我们自然要回报人家，这是做人最起码的。对于怨呢？一种方式是“以牙还牙，以眼还眼”。别人伤害了我，我要同等报复他，这未免显得睚眦必报，显得我们和那些人一样低劣了。另一种态度是“以德报怨”。别人伤害了我，我反过来还要给他笑脸和各种利益关照。这样反显得我们虚假，我们心里也不舒服。《论语》中有这样一段对话，或曰：“以德报怨，何如？”子曰：“何以报德？以直报怨，以德报德。”这就是孔子的回答。翻译过来就是，有人问：以德报怨怎么样？孔子说：如果以德报怨，那你拿什么来报德呢？所以，孔子的结论是，应该“以直报怨，以德报德”。当别人有恩德于我们时，自然要回报恩德。当别人伤害侵犯了我们，既不以怨报怨，因为那样就降低了自己的水平，与别人的错误做法对等混战；我们也不以德报怨，因为那会使得这个世界没有是非，甚至可能助长罪恶。以直报怨，就是用正直的态度来对待怨恨。以上是我们处理人际关系的基本原则。但具体到实际的工作中，对上司、下属、同事、朋友、客户，当然不同的人有不同的对待方式，不可一概而论。

(1)对上司——先尊重后磨合

任何一个上司(包括部门主管、项目经理、管理代表)，干到这个职位上，至少有某些过人之处。他们丰富的工作经验和待人处世方略，都是值得我们学习借鉴的，我们应该尊重他们精彩的过去和骄人的业绩。但每一个上司都不是完美的。所以在工作中，唯上司命是听并无必要，但也应记住，给上司提意见只是本职工作中的一小部分，尽力完善、改进、迈向新的台阶才是最终目的。要让上司心悦诚服地接纳你的观点，应在尊重的氛围里，有礼有节有分寸地磨合。不过，在提出质疑和意见前，一定要拿出详细的足以说服对方的资料计划。

(2)对同事——多理解慎支持

在办公室里上班，与同事相处得久了，对彼此之间的兴趣爱好、生活状态，都有了一定的了解。作为同事，我们没有理由苛求人家为自己尽忠效力。在发生误解和争执的时候，一定要换个角度、站在对方的立场上为人家想想，理解一下人家的处境，千万别情绪化，把人家的隐私抖了出来。任何背后议论和指桑骂槐，最终都会在贬低对方的过程中破坏自己的大度形象，而受到旁人的抵触。同时，对工作我们要拥有挚诚的热情，对同事则必须选择慎重地支持。支持意味着接纳人家的观点和思想，而一味地支持只能导致盲从，也会滋生拉帮结派的嫌疑，影响公司决策层的信任。

(3)对朋友——善交际勤联络

俗话说得好：树挪死，人挪活。在现代激烈竞争社会，铁饭碗不复存在，一个人很少可能在同一个单位终其一生。所以多交一些朋友很有必要，所谓朋友多了路好走嘛。因此，空闲的时候给朋友打个电话、写封信、发个电子邮件，哪怕只是片言只语，朋友也会心存感激，这比邀上大伙嘬一顿更有意义。有个朋友在一个大公司一时难展才华，心情郁闷。朋友得知后，邀他到一家略小的企业试试，结果如鱼得水，半年之内就荣升部门主管，这就是交朋友的好处。一个电话，一声问候，就拉近了朋友的心，如此亲切的朋友，有好机会能不先关照你吗？

(4)对下属——多帮助细聆听

在工作生活方面，只有职位上的差异，人格上却都是平等的。在员工及下属面前，我们只是一个领头带班而已，没有什么了不得的荣耀和得意之处。帮助下属，其实是帮助自己，因为员工们的积极性发挥得愈好，工作就会完成得愈出色，也让你自己获得了更多的尊重，树立了开明的形象。

而聆听更能体味到下属的心境和了解工作中的情况，为准确反馈信息、调整管理方式提供了翔实的依据。美国一家著名公司负责人曾表示：当管理者与下属发生争执，而领导不耐心聆听疏导，以至于大部分下属不听指挥时，我首先想到的是换掉部门管理者。

(5)向竞争对手——露齿一笑

在我们的工作生活中，处处都有竞争对手。许多人对竞争者四处设防，更有甚者，还会在背后冷不防地“插上一刀、踩上一脚”。这种极端，只会拉大彼此间的隔阂，制造紧张气氛，对工作无疑是百害无益。其实，在一个整体里，每个人的工作都很重要，任何人都有可爱的闪光之处。当你超越对手时，没必要蔑视人家，别人也在寻求上进；当人家在你上面时，你也不必存心添乱找茬，因为工作是大家团结一致努力的结果，“一个都不能少”。无论对手如何使你难堪，千万别跟他较劲，轻轻地露齿微笑，先静下心干好手中的工作吧！说不定他仍在原地怨气，你已完成出色的业绩。露齿一笑，既有大度开明的宽容风范，又有一个豁达的好心情，还担心败北吗？说不定对手时早已在心里向你投降了。

总之，对于职场中人，良好的人际关系也是为人做事的“润滑剂”和“助推剂”，良好的人际关系也是成功的第一步。所以我们必须充分地认识到人际关系的重要性，并自觉地克服社交障碍，加强与他人的人际交流，只有拥有良好的人际关系才能融洽，才能在工作和生活中享受到那分融融的温情，才能在追求成功和财富的道路上顺风顺水。

3. 封闭自我也会封闭前途

从不参加同事活动，开会永远坐在最角落；同事聚会聚餐，你永远都是缺席的那一个；远远看见领导，故意放慢脚步，尽量不和领导坐同一部电梯；单位开会，你总是坐在角落的位置，心里默默祈祷领导别看见你……职场中总有这样一类人，平时行动独来独往，在工作场合总是很闷，不愿意和任何人多说话，这是“职场自闭症”的表现。有调查显示，职场中有将近60％以上的人，因环境、压力等原因，而产生“职场自闭症”。同事之间无话可说，跟客户打交道也尽量选择邮件、聊天软件等虚拟途径，打电话时很纠结；与领导的交流就更少了，总希望能把谈话时间缩至最短，并尽快结束。

“我发现，自己越来越‘不合群’了。”小林在广告公司做策划，性格比较内向，总是不太习惯与别人打交道。小林觉得，自己已经成了办公室里的“透明人”了。

上星期，部门经理过生日，于是便招呼大家下班后一起吃个饭。午饭后，同事们都凑在一起，讨论送什么礼物比较好。看着同事们聊得热火朝天，小林却被晾在了一边。“我也想跟他们说说自己的想法，可就是张不开嘴。”无奈之下，小林只好可怜巴巴地坐在边上看着。下班后，同事们有说有笑地准备一起去饭店，顺便买礼物，却始终没有人来招呼小林。纠结了一整天，最后小林还是硬着头皮追上一位同事，勉强摆出一张笑脸跟大家一起走了。

“其他同事讨论的话题，总感觉我参与不进去。想加入他们，又怕聊不到一块儿去。”对此，小林很苦恼，“我不知道其他人是不是愿意跟我说话，我也不好意思张口问他们。”

据小林说，刚到公司时，同事聊天或是聚会之类的，大家还都带着她，问她去不去，可是因为当时她跟大家还不是很熟，自己放不开，不太好意思参与，所以就找借口推脱。“也许大家以为我不愿参加，后来大家也就很少叫我去了。”渐渐地，小林发现，连开会的时候大家也总是忽略她，很少问她的意见了。以前是不好意思说，不愿意说，可现在想说了，反而连开口的机会都没了。

“我总是觉得，自己跟他们不是‘一拨’的，是不是大家都不喜欢我呢?”对此，小林非常困惑。

和职场新人小林不同，方青的职场自闭则源于工作压力。

今年30出头的方青是某外企的高管，在外人看来，她的工作既高薪又有面子，可多年的工作压力，使方青有些“外表光鲜，内心憔悴”了。

“唉，我现在多说一句话都觉得累得慌。”方青皱着眉说，“我现在说得最多的就是‘嗯’、‘好’之类的简单的词，真害怕自己的语言功能退化了。”

每天对着电脑10个小时以上，经常加班到深夜，只要到了办公室就像被人按在了电脑前，忙得一天都抬不起头来，休假简直成了奢望。由于方青的状态不佳，最近还跟一个同事发生了小误会。

前两天，一个同事跟方青汇报年底工作总结，同事口沫横飞地说了将近半小时，方青则目光呆滞，毫无反应。同事一遍遍问她，这样做行不行，方青却只是“嗯、嗯”，要么就点点头，给人感觉好像很无奈、很不耐烦似的。为此，同事将总结改了两遍，并且一次次地跟她汇报。

“刚开始我还觉得奇怪，怎么一份总结要说好几遍。”方青苦笑了一下，“原来问题在我这里，人家还以为我对他的报告有意见呢。”方青担心，她的工作状态，会给工作带来麻烦。

据了解，有多于七成的高级主管表示，他们更愿意提升那些常和他们做沟通的人。某美资企业的业务部经理胡南表示，有些员工在分配任务时，即使被分配了“不可能完成”的任务，他们也不表态；工作中遇到了困难，也不及时反馈。如在他们公司就发生过这样一件事：

两个月前，他让一个员工做报表，要求半个月后交。“如果当时他跟我说，做出报表有难度，那么我可以换人做。”可这个员工并未有任何为难的表情，也没有提出任何异议。胡南本以为没有问题，可是半个月后，当他要报表时，问题来了。

“我找他要报表时，他说还没完成，我问他有什么困难，他也不说。”在胡南一再追问下，该员工才将制作报表中遇到的问题，一一列举出来。胡南很奇怪，员工为什么当初不直接跟他提出来，或者制作过程中跟他沟通一下呢？员工的回答使胡南哭笑不得。“当时我不知道怎么表达才好，既然你给我分配工作，我就想尽量做好，可是越做越做不好。”该员工很委屈地说，这半个月来，他的心情一直很忐忑，当他发现自己有困难时，也不敢说，所以只能等着胡南直接问。

“我真的很无语，以后有什么工作，我还怎么放心地交给他？”业务部经理非常无奈，最后，整个报表又拖延了半个月，才算勉强完成。

“这样做，只能让大家觉得这个人不可靠，没有人会记住他做出过什么成绩。对这样的人，评价怎么会高呢？”

有“职场自闭症”的人其实内心很矛盾，他们不是不屑与别人交流，也不是不在乎别人对他们的看法。恰恰相反，他们是个性敏感的人，很在意别人的眼光，太看重在领导面前的言谈举止。也正是这种慎重的态度，让他们生怕一开口就错，会变得沉默不语。

不过，和小孩子的自闭症不同，患“职场自闭症”的职场人一旦意识到它的危害，并且真心想有改变的意愿，改变起来并不困难。归根到底，“职场自闭症”还是人际沟通能力的问题，它可以通过一些人际沟通训练到有效改善，市面上有很多人际沟通技巧训练、自信心训练方面的书籍，可以买来读一读，并在职场中加以实践。

也可以在工作环境中找一个你认为人际交往能力比较强的人作为典范，平常多观察他的言行，向他学着做。

在实践的过程中，遵循由易入难的原则，先从不是那么重要的场合开始，先从身边的同事开始，一开始，对自己的要求不要太高，要允许自己出错。

如果一开始不善于用言语交流，也可以先写成文字，现在通讯发达，MSN、微博、邮件都可以方便地与别人交流自己的想法，文字表达允许你有深思熟虑的过程，减少你对出错的担忧。

“在职场中，因为环境、压力等原因产生沟通障碍，甚至出现职场自闭的症状，其实并不少见，因此需要及时调整，在健康与事业间找到平衡。”一位资深职场心理咨询专家认为，对于很多员工来说，大多是由于个性特征、年龄差异等因素无法融入集体，而导致自己被自己“晾在了一边”。因此，在新集体中要树立自信，不要怕说错话而排斥与人接触，只有多积极融入其中才能形成顺畅的沟通渠道。普遍来说，优秀业绩和良好沟通直接影响事业发展。与领导沟通时，不必过分强求，良好沟通并不等同于“嘴把式”，领导需要下级会说话，更需要有工作能力。与领导打交道，有疑问及时提出，有成绩如实汇报，只要态度诚恳谦和，真正完成了工作，领导自然会看到。

企业的兴盛和个人的发展都需要和外界的充分沟通，对于缺乏沟通技巧的员工在应聘时要选择适合自己性格的工作职位，工作后也应在团队中积极改善自己的不足。而对于一部分员工在工作一段时间后被职业、环境等改变，变得不合群不爱讲话，那么就应该学会化解自己对工作潜在的不满情绪或是职业倦怠感，学会心理疏通，也可以多参加一些员工间的集体活动，懂得自我调节情绪，及时调整不良的心理状态，只有当你满怀信心、心情愉悦、精力充沛的时候，你才能更加顺利地与人交流，与人共事。

4. 敌意心理让你成为孤家寡人

生活中，有些人对别人常抱有一种敌意心理，其主要表现是，过于敏感，将他人无意的、非恶意的甚至是友好的行为误解为与自己作对；心胸狭窄，嫉贤妒能，对别人获得的荣誉或取得的成就感到紧张不安，不是在背地里说“风凉话”，就是公开抱怨和指责别人；把自己看成“一朵花”，将别人说成是“豆腐渣”，不是这不好，就是那不妥；脱离实际地好争善辩，固执己见，常常是“有理不让人，无礼争三分”。

一个人的敌意来自阴暗灰色的心理和对别人的不信任。这种敌意心理是一种有害的情绪，不仅会伤害别人的善意和情感，恶化人际关系，而且对自己的身心健康也极为不利。因为敌意能不失时机地激发身体释放大量的肾上腺素等，使人呼吸急促，血管收缩，心跳加快。由于冠状动脉急剧收缩、心肌耗氧量增加、血液粘滞性增高、血小板凝聚功能加强，使心脏难以从容不迫地获取充足的氧供，时间一长，便在劫难逃。对于冠心病人来说，情况更糟。因为狭窄的冠状动脉已使血氧供不应求，再与敌意所产生的一系列生理变化遥相呼应，无疑是雪上加霜，使心脏险象环生。

职场上，最容易让人产生敌意的就是那些实力和资历都相当的同事。因为两个人可能经常被拿来比较，本来没有心结的慢慢也会感染到不自然的情绪。

郭明半年前刚进入一家文化单位工作。对于新人来说，初入职场的第一要务便是尽快熟悉业务，搞好同事关系，以便能快速站稳脚跟。而郭明却是个例外。他一直死抱着“防人之心不可无”的哲学：如果有同事主动和他说话，他就会加倍防范，认为人家是有所图谋。

有一次，郭明看到和他一起进来的同事的名字与老同事一起出现在作品上时，他就跑过去说：“你能力好大啊，某某都被你搞定了。”一来二去，大家都不愿意招惹他，而郭明在办公室里成了一个边缘人，有什么集体活动都没人告诉他，遇到麻烦更是没人帮他，而他的业绩也基本都是倒数的。最后郭明被辞退了。

像郭明这样的人在职场中屡见不鲜。这类人的表现有很多种，比如给同事下绊子、挑拨离间、恶意竞争之类。郭明的失败很大的因素是不良的同事关系。而不良的同事关系是由他的敌对心理引起的，而他的敌对心理又是由他对人的不信任引起的，是缺乏基本的安全感导致的。因此郭明必须从建立起对人的基本信任感和自身的安全感入手，与别人建立良好关系。

首先，郭明应主动放下防范之心，主动与同事交流沟通。同事不是你的敌人，宽容别人，带着欣赏的眼光去发现同事的优点，在集体中你会感觉更好，更轻松。其次，及时泄洪。当内心积压了许多负面情绪，感觉很压抑时，要提醒自己停下来。否则，就会感到烦躁不安，甚至会有一种攻击和毁灭的冲动。对它们进行清理时，可以采取书写、倾诉、在空旷处大声喊叫、唱歌、运动等方法。其实，任何人都应该明白，别人永远都是你的镜子，如果你对别人微笑，别人也会对你报以微笑。

其实办公室里同事间本来就是既合作又竞争的关系，若换个角度想，以健康心态看待竞争关系，当同事能力愈来愈强，就等于是在无形中促使你提升实力。

如何消除敌意心理？心理学专家开列了以下“处方”，可供敌意情绪浓厚者借鉴或参考。

1.承认问题所在。让你的亲人和知心朋友了解你，知道你已经认识到自己的确存在着不相信别人的毛病，并且向他们表示已经打算控制这种不良心理，要求予以支持和帮助。

2.理性控制自己。当与人为敌的想法在头脑中出现的时候，要用理智来控制，多往好处想，多想些能借以自慰的事，使敌意逐渐消除、化解。

3.善于理解别人。遇事千万不可冲动、鲁莽，应当设身处地替别人多想一想，或进行换位思考，这样才能理解别人的思想观点和行为举止。生活中，往往是你理解别人，别人才能理解你，互相理解，就能互相体谅，互相谦让，久而久之，敌意就无立锥之地。

4.要与人为善。在与人交往时应当不抱成见，真诚待人，宽以容人，不要事事都往心里去，更不要为芝麻大点事就与人横眉立目，怒发冲冠，或毫不顾忌地谩骂、诋毁、诬陷人。对待自己要严格一些，学会自我约束，培养分寸感。

5.应有自知之明。正确认识和估价自己，既不自视过高，产生自满心理；也不要妄自菲薄，形成自卑感；不要逞强、逞能。要多看别人的长处，要想到自己的短处，自觉调整自己的意识和行为，使自己的心境始终处于平和、稳定的状态。

肚量狭小、排挤他人的人，一定也会遭到其他人的排挤；如果把身边的同事当作阻挡前途的障碍，一定难以在办公室里立足。对于在办公室里跟自己有竞争关系的人，不妨试着去赞美他，或是请他帮一个小忙，往往可以神奇地化解彼此之间的敌意，在职场上，减少一个“敌人”的价值胜过增加一个朋友。更积极的态度应该是，将能量放在挑战更高的目标上，真正的“敌人”永远等在你视线以外的地方伏击，为何不把在内部竞争的力气省下来向外发展？

5. 锋芒毕露极易让你成为众矢之的

初涉职场的人才，往往都急于显露一下自己的才能和实力，盼望尽快得到他人的认可和刮目相看。因而表现得锋芒毕露、急于求成，凡事都要争个“先手”，有时动不动还要来个“抢跑”。但是，过早地掀起和卷入竞争，也会形成某些潜在的被动。

国强进公司虽然才半年，现在只是市场部的一个项目主管，可他早就看上了采购部副经理的位置。他看着采购部副经理一天到晚佝偻着腰，反应迟钝，对着上司点头哈腰，对下属也嘻嘻哈哈的模样，心想自己无论如何也要尽快把他打个落花流水。他觉得自己在各方面都占有优势：年轻、博学、新潮、反应灵敏、懂电脑、懂英文；还有，纵向的会迎合领导，横向的擅长人际关系，自己要把副经理那个位置抢过来易如反掌。于是，他起草了一份上万字的《改变采购部工作流程设想》；交给大老板后，一个星期没见动静，当他正准备找大老板去面谈时，大老板让秘书给他打来电话：“精神可嘉，但你先把本职工作做好！”

可见，在职场崭露锋芒可要慎重。因为一个头角峥嵘的人并非总是能得到上司的赏识和重用，有时太锋芒毕露只会让我们自己陷入泥淖无以挣脱，这显然对我们的前途是不利的。

其一，是无形中将自己放在一个较高的起点和定位上。因为你处处显露自己的才干和见识，人们就会产生一种心理定势，认为你总能比别人强。一旦你有遗漏和失误，别人轻则说你还欠火候，重则落井下石，幸灾乐祸地说这是自高自大的最好报应。

其二，会过早地卷入升迁之争。升迁之争存在的一个普遍规律便是淘汰制，通过不断地淘汰来实现金字塔式的职位升迁。过早地进入这个程序，就意味着有可能过早地遭到淘汰。况且有时的淘汰有可能是一种机遇和运气，有时会是人际关系失衡后一种权宜的矫正，更甚或是一种不公平不光彩的人为私欲的暗箱操作和利益交换。过早地卷入，可能会成为无辜的牺牲品。

其三，是根基不稳，虽长势很旺，但经不住"风撼霜摧"。倘若你没有厚积薄发的底牌，却一股脑儿地将十八般武艺悉数亮将出来，便是应了中国那句忌语："好话不可说尽、力气不可用尽、才华不可露尽。"一旦成强弩之末，连薄绢都穿不过，那肯定会被嗤之以鼻，逐出场外，到那时岂不心血白费，努力落空？

很多简单的小事例，都告诫我们，要懂得收起自己的锋芒，尤其是初涉职场的人。

阿标在一家周刊工作，是一个非常有能力的记者，敏锐的洞察力和良好的口才以及行云流水般的文笔常常使他的报道趋于完美。他策划的选题常常是周刊的头条，发表后常常会引起轰动。

鉴于此，周刊一旦有什么重大选题都交给阿标，阿标也从不推辞，认为能者多劳。起初一两次也没什么，次数多了，同事就不满了，认为阿标太嚣张，好的选题老是自己霸占，从不给别人一个表现的机会。渐渐地，阿标被同事疏远了，但阿标不以为然，他觉得一个有能力的人，一个卓越的人，就应该显得与众不同。

有一天，周刊记者部主任辞职了，周刊需要挑选出一个新的主任。周刊高层决定采用民主选举的方法，让所有员工投票选出自己心目中的主任。阿标当时非常有信心，认为主任非他莫属，因为处于同一级别的同事没有谁比他更优秀了。然而，让阿标想不到的是，没有一个人选他，大多数人把票投给了一个名不见经传的人。

更惨的是，新上任的主任再也没有把周刊的重点选题交给阿标负责，而只让他负责一些鸡毛蒜皮的小事。阿标由失落到失望，最后不得不辞职了。

有时候，锋芒太露还有可能招致别人的嫉妒，给你带来不必要的麻烦。

小陈刚进单位时，任职行政助理。他做事特别努力，深得领导的赏识。作为一个冲劲十足的小伙子，小陈也常常急于在大家面前表现自己的能干。

没过多久，市场部经理张女士就发现小陈身上有一股闯劲。她大胆地将小陈调到销售部门，并独立主持一个区域的工作。由于工作的缘故，他们经常一起出差，一起吃饭，一起探讨工作，可能因为在一起的时间太多，渐渐地，办公室就传出了他们关系暧昧的流言。

起初小陈对此一无所知。但他觉得周围人的目光越来越怪异，有一次，一位年长的同事意味深长地对他说："请不要锋芒太露！"甚至越来越多的男同事在他面前说一些关于"男人吃软饭"的笑话。不得已，摸不着头脑的小陈去找和自己关系还算不错的小李，问个明白。

小李现在还后悔，不该将听到的流言告诉小陈。她记得小陈听完她的话，吃惊地张大了嘴，半天说不出话来。作为一个行得正，坐得直的男子汉，小陈是不能容忍无凭无据的流言再继续下去。第二天，小陈就找了办公室里那个最爱传播小道消息的"小广播"，警告他不要随便乱说话。对那些乱说笑话的男同事也给予了反驳，可是，那些同事却毫不示弱，甚至公然嘲笑他。结果，双方不欢而散。

有了这档子事以后，小陈在工作中常常分心。他有意和张女士疏远，但流言还是愈传愈烈。万般无奈，小陈提出了换一个部门的申请，结果，他被换到了公司的售后服务部。可能是因为售后服务部所需要的耐心细致和小陈的性格相去甚远，刚调到新岗位不久，他就与客户发生了争执。原本，这只是一个工作中的失误，但是，新的流言马上又传开了。有人说："小陈以前在销售部的业绩，都不是自己做出来的，而是张经理帮的忙。小陈根本就不能胜任销售部的工作！"最后，这样的流言竟影响到了售后服务部经理，他做出了让小陈停职的决定。

这一下，小陈不得不来到"头儿"的办公室，进行"恳谈"。但经理态度坚决，希望他作一次深刻反省。小陈有口难辩，而又急火攻心。此后，他不管遇见谁，都要为自己辩解一番，想通过解释，还自己一个清白。可是，谁也帮不了他。小陈的情绪日渐低落，最后只的走到了辞职这一步。

所以，在职场，做什么事情都不要锋芒太露。适当表现一下，可以给单位留下良好的印象；但是一定要把握一个度，为人处世不可做得太绝，这个道理放之四海而皆准。世上每个人皆需依赖众生才能生存，只有在和谐平衡的情形下，方能向前发展。不要急于提意见，更不要越位。让上司、同事消除戒心，要懂得先保护自己，收敛锐气等待时机，切忌以自我为中心。

因而最终的成功者，往往是"后发"之人。与"先发"者之比，"后发"的优势就在于：

其一，没有给人们一开始就形成起点高的心理定势，而后每有进步与发展，都让人历历在目，反觉得此人有发展潜力，孺子可教也。

其二，人们并没有过早地把他作为升迁竞争的对手，即使他后来进入角逐，人们也会宽容地认为他是勤能补拙、笨鸟归林，而不会早早地怀有先声夺人、你撕我扯的忌恨。

其三，是渐渐积累资本，打牢根基。有时的厚积薄发，常常是不鸣则已，一鸣惊人，那股子气势，想挡都挡不住，功绩俱在，不由得争强好胜者不为之叹息。

学会内敛，不张扬，这是职场生存的法则。“树大招风，枪打出头鸟”，说的都是颠扑不破的真理。有点锋芒固然好，倘若是光芒万丈，遮掩了旁边人的光辉，你就难免成为众矢之的。总有一天光芒尽失，甚至连民心也一起丢失了。

山不解释自己的高度，并不影响它的耸立云端；海不解释自己的深度，并不影响它容纳百川；地不解释自己的厚度，但没有谁能取代它作为万物之母的地位……在“江湖险恶”的职场，与人相处，关键是要学会低调。低调做人，不仅可以保护自己、融入人群，与人和谐相处，也可以让人暗蓄力量、悄然潜行，在不显山不露水中成就事业。

6. 社交恐惧降低一个人的生存能力

有些人讨厌面对人群或是害怕面对人群，他们不只是觉得害羞、不好意思，而是对自己以外的世界有着强烈的不安感和排斥感。这种对社交生活和群体的不适应而产生的焦虑和社交障碍称作社交恐惧症。社交恐惧症已是继抑郁症和酗酒之后排名第三的心理疾病，这可能是因为现代人面临的生存压力愈来愈大，所以罹患的人数有愈来愈多的趋势。特别是网络时代的来临，为人们带来了新的社交领域，若长期沉溺于网络上虚拟社会的社交活动，则会减弱与真实社会中人与人的直接交流的社交技巧。

社交恐惧症是一种精神上的疾病，但是为了自己个性上的内向、害羞而苦恼和真正患了社交恐惧症是不一样的，社交恐惧症的患者通常对群体的看法都是很负面的，除了几个亲近的人之外，他们很难和外界沟通，这些人无法主动走出自我的世界，也不愿意加入人群。这些人在人多的地方会觉得不舒服，担心别人注意他们、担心被批评、担心自己格格不入，情况轻微的人还是可以正常的生活，情况严重的话就会造成生活上的障碍，导致无法正常求学或工作。

社交恐惧症主要可以分成两类：

(1)一般社交恐惧症

如果你患了一般社交恐惧症，在任何地方，任何情境中，你都会害怕自己成了别人注意的中心。你会发现周围每个人都在看着你，观察你的每个小动作。你害怕被介绍给陌生人，甚至害怕在公共场所进餐、喝饮料。你会尽可能回避去商场和进餐馆。你从不敢和老板、同事或任何人进行争论，捍卫你的权利。

(2)特殊社交恐惧症

如果你患了特殊社交恐惧症，你会对某些特殊的情境或场合特别恐惧。比如，你害怕当众发言，当众表演。尽管如此，你在别的社交场合，却并不感到恐惧。推销员、演员、教师、音乐演奏家，等等，经常都会有特殊社交恐惧症。他们在与别人的一般交往中，并没有什么异常，可是当他们需要上台表演，或者当众演讲时，他们会感到极度的恐惧，常常变得结结巴巴，甚至愣在当场。

社交恐惧症患者总是担心会在别人面前出丑，在参加任何社会聚会之前，他们都会感到极度的焦虑。他们会想象自己如何在别人面前出丑。当他们真的和别人在一起的时候，他们会感到更加不自然，甚至说不出一句话。当聚会结束以后，他们会一遍一遍地在脑子里重温刚才的镜头，回顾自己是如何处理每一个细节的，自己应该怎么做才正确。

这两类社交恐惧症都有类似的躯体症状：口干、出汗、心跳剧烈、想上厕所。周围的人可能会看到的症状有：红脸、口吃结巴、轻微颤抖。有时候，患者发现自己呼吸急促，手脚冰凉。最糟糕的结果是，患者会进入惊恐状态。

社交恐惧症是非常痛苦、严重影响患者生活工作的一种心理障碍。许多一般人能够轻而易举办到的事，社交恐惧症患者却望而生畏。患者可能会认为自己是个乏味的人，并认为别人也会那样想。于是患者就会变得过于敏感，更不愿意打搅别人。而这样做，会使得患者感到更加焦虑和抑郁，从而使得社交恐惧的症状进一步恶化。许多患者改变他们的生活，来适应自己的症状。他们（和他们的家人）不得不错过许多有意义的活动。他们不能去逛商场买东西，不能建立正常的两性关系，不能带孩子去公园玩，甚至为了避免和人打交道，他们不得不放弃很好的工作机会。譬如王女士的例子就是典型的社交恐惧症。

王女士，女，27岁，本科学历，未婚，社会经济地位中等，广东某国际贸易公司财务部职员。无家族精神病史，无器质性伤病史，无不良嗜好。

王女士是独生女，父母在驻外大使馆工作。从出生3个月起，父母就连续出国工作8年，回国后虽然在外交部机关工作，也是经常有出国任务。王女士从小与外祖母生活，很少能和父母在一起。因为父母不在身边，外祖母对她百般呵护，生怕王女士发生问题，经常是千叮咛万嘱咐要注意安全、别遇上坏人。从上幼儿园到小学毕业，都是由外祖母或保姆接送；从家到学校到回家，十多年两点一线不让接触外界。王女士在幼儿园时就不合群，性格温顺、听话，胆小孤僻。上学后学习用功，成绩优秀，成绩稍不理想就着急、烦恼；喜爱文学和绘画；家里藏书很多，有时间就把自己关在房间里阅读，读了上百部中外小说名著。就是不爱与人交往，从中学到大学毕业，也没有几个要好的朋友。

在大学5年的校园生活中，人际交往问题仍然没有明显的改变。与同寝室的女同学关系紧张，经常为琐事产生矛盾。有些男同学主动来试图接近她时，她经常采取冷淡的态度，认为他们有不好的企图。临毕业时，她对一个外班的品学兼优的男同学有好感，聊了几次后，觉得很合得来，就鼓足勇气约他周末去公园玩，没有想到他以论文没有写完婉转地拒绝了。这使她非常气恼，认为男人都是假情假意，再也不想理他了。后来从别人那里得知他已有女朋友后，她对他又有了非常强烈的崇敬感，懊悔自己没有能早些认识他。还感到自己冒失地去约会他，被他拒绝是一个天大的耻辱，心里又想他又怕见到他。白天，在校园从宿舍到教学楼的路上或食堂里，诚惶诚恐地搜索着他的身影；夜晚躺在床上满脑子都是他的音容笑貌，经常自编自演地遐想着与他聊天、散步、郊游……

一天在食堂排队买饭，听到有人在背后小声叫她，回头一看，正是那个男同学。对视着他的眼睛，她感到心慌意乱，面红耳赤，就像自己裸体站在众人面前一样无地自容，马上低头跑回宿舍大哭了一场。

她没有参加毕业典礼的合影和会餐，也没有和同学们主动联系过。

上班后也是一样。有一次，上级公司财务监理来进行常规财务账目审查，她不知为什么非常紧张，本来账目很清白，但在回答监理的提问时结结巴巴，面红耳赤。领导知道后找她问话，也出现这种情况。从此，她怕见到领导，怕上级来检查，怕与同事近距离的目光对视，怕开会发言，甚至不愿到食堂就餐，和以前不愿进校门一样不愿进入公司的大门。明知没有什么可怕的，但就是控制不住，生活和工作受到了极大的影响。

那么，要如何知道自己是否患了社交恐惧症呢？以下三点可供自我检测：

①会因为害怕在别人面前觉得害羞或不好意思而不和他人说话或不愿意做某些事情吗？

②不愿意成为别人注意的焦点吗？

③你害怕别人觉得你愚笨或担心看起来很害羞吗？

如果以上三点中你有其中两点的情形的话，就有可能是患了社交恐惧症；如果这些情形已经让你想躲在家里，不愿意和任何陌生人接触，你可能就需要接受咨询或治疗了。

治疗社交恐惧症可以分为心理治疗和药物治疗两个部分，病况较轻微的人只需要接受心理治疗，医师会为病人做心理建设并在咨询的过程中了解病人产生社交恐惧症的主要原因为何，从症结点加以开导，帮病患建立起自信心。若是病情较严重，医师则会配合药物治疗。具体来说，对社交焦虑症的治疗方法主要有以下几种：

1. 催眠疗法：精神分析师将你催眠，挖掘你心灵或记忆深处的东西，看你是否经历过某种窘迫的事件，试图寻找到你发病的根源。这种疗法时间长，花费也比较大。

2. 强迫疗法：医生让你站在车水马龙的大街上，或者让你站在自己很惧怕的异性面前，利用巨大的心理刺激对你进行强迫治疗。

3. 情景治疗:让你在一个假想的空间里,不断地模拟发生社交恐惧症的场景,不断练习重复发生症状的情节,精神分析师会不断地鼓励你面对这种场面,让你从假想中适应这种产生焦虑紧张的环境。

4. 认知疗法:这是一种不断灌输观念的治疗方法。医生不断地告诉你,这种恐惧是非正常的,让你正确认识人与人交往的程序,教你一些与人交往的方法。

5. 药物疗法:这是目前被认为是最有效的治疗方法。主要是针对你的发病是因为你体内某种化学物质的失调所致,所以运用某类药物调节平衡。

6. 物理治疗:经颅微电流刺激疗法是一种与传统药物治疗、催眠疗法完全不同的治疗方法。它是通过低强度微量电流刺激大脑,改变患者大脑异常的脑电波,促使大脑分泌一系列与社交恐惧、焦虑等疾病存在密切联系的神经递质和激素,以此实现对这些疾病的治疗。

此外,更加简便易行的是自我疗法:

1. 不否定自己,不断地告诫自己"我是最好的我","天生我材必有用"。

2. 不苛求自己,能做到什么地步就做到什么地步,只要尽力了,不成功也没关系。

3. 不回忆不愉快的过去,过去的就让它过去,没有什么比现在更重要的了。

4. 友善地对待别人,助人为快乐之本,在帮助他人时能忘却自己的烦恼,同时也可以证明自己的价值存在。

5. 找个倾诉对象,有烦恼时一定要说出来的,找个可信赖的人说出自己的烦恼。可能他人无法帮你解决问题,但至少可以让你发泄一下。

6. 每天给自己10分钟的思考,不断总结自己才能够不断面对新的问题和挑战。

7. 到人多的地方去,让不断过往的人流在眼前经过,试图给人们以微笑。

总之,坦诚的接纳自己,拥有信心,克服自卑,承认自己不善社交,允许自己不完美甚至甘愿自己有些另类、讨人嫌，是根治社交恐惧的良方。

7. 孤僻者终会被人孤立

孤僻对员工的身心健康十分有害。因为孤僻的他们缺少与别人的交流，内心苦闷，难以和他人交流，在工作中又往往独来独往，难以与他人合作，这种人不仅自己孤立了他人，也很容易被他人孤立。

W君毕业于一所名校，只身闯荡北京。在一家IT媒体当文字编辑，这是他的第一份工作。每次编辑部主任把工作任务给他安排好了之后，他就埋头去干了。编辑部主任看他那副认真的样子，很满意，但事情却不是那么的顺利……有一天，W君上班迟到了半个小时。编辑部主任出于工作职责所在，自然会问他，怎么来晚了？

他板着脸说："堵车了。"

"以后不能按时到，就打个电话过来说一声。"

"唔。"

第二天，他又迟到了半小时，但是主任仍然没有接到他打来的任何电话。

当主任再次询问的时候，他给主任一个更加直截了当的回答："下班把耽误的时间补上就行了嘛！"

"你的稿子今天要排版，制作部也跟着你加班补时间？"

编辑部配给W君的电脑是新买的，中档实用型的配置，可能是因为硬件之间有些不兼容，性能方面有时候不太稳定。经常听见他"啪"的一声扔掉鼠标——电脑就自动重启了。W君专门把机器拆开来，修理了几次，但是问题依旧。

最后同事说，咱们换吧。机器换过来，同事捣鼓了10分钟，就解决了。他对同事满心感激，同事却在为他头痛……作为IT媒体的编辑，大多能够自己处理电脑硬件、软件的常见故障，即使对电脑技术不太精通，也没关系，整个编辑部9个编辑，不是DIY发烧友，就是软件高手。但是，W君偏偏就是不开口！

上班一族，经过一上午紧张的忙碌，中午大家一起吃午饭，聊聊趣闻逸事，也是一种很好的放松和休息。可是，W君和大家一起吃过两顿午饭之后，就开始一个人吃方便面了。编辑部主任有一次跟他单独谈工作，谈到同事，他扔出了一句话："看见他们就恶心。"主任心中一惊，问明原因，却又哭笑不得……原来，中午吃饭的时候，几个编辑很喜欢谈网络游戏。在W君看来，这帮人简直就是些没有远大抱负的"混世魔王"！"道不同，不相与谋。"所以W君就决定不跟他们一起吃午饭，上班下班，见面也不跟他们搭腔。

这还不算，那天中午休息，编辑部主任被吵闹的声音惊醒。过去一看，W君正和制作部主任面红耳赤地在争论什么。原来是W君送文件去排版，明明拷贝过去了，可是美编就是找不到。制作部主任看他跑来跑去地越搞越火大，就过来询问。问来问去没解决，就说W君你再回去仔细看看？W君顿时火冒三丈："关你什么事！"

编辑部主任赶紧到W君和美编各自的电脑面前仔细检查核对了一下，不一会儿的工夫，要排版的文件就找到了。

为什么这样的小事会闹翻天？难道美编和制作部主任也是W君"看见就恶心"的人？

很快，主编与编辑部主任商议出结果。因为W君的工作还算认真负责，所以公司不辞退他，但是，公司也不能容许一个新人如此破坏劳动纪律，不能够与同事协作。所以由编辑部主任跟他谈话，要求他立即主动辞职。

后来，主编有时还会跟编辑部主任谈起W君，每次都禁不住惋惜地摇头……

W君就具有典型的孤僻症，孤僻即我们常说的不合群，指不能与人保持正常关系、经常离群索居的心理状态。孤僻的人一般为内向型的性格，主要表现在不愿与他人接触，待人冷漠。对周围的人常有厌烦、鄙视或戒备的心理。具有这种个性的人猜疑心较强，办事喜欢独来独往，但也免不了为孤独、寂寞和空虚所困扰。

有这样一个寓言：有一只叫“孤僻”的狗，无意中闯进了一所模特学校的练功房。房间的四壁都镶嵌着玻璃镜子，照映出它的无数个影子。

看到这么多狗突然同时出现，这只孤僻狗大吃一惊，它本能地退缩了一下，龇牙咧嘴，发出阵阵低沉的吼声。

镜子里所有的狗也不约而同地退缩了一下，一个个龇牙咧嘴，而练功房里也响起了狗吠的回声。

这只孤僻狗开始惊慌失措了起来，它抗拒着、挣扎着……它在屋子里乱蹦乱跳，越来越疯狂、越来越混乱……直到它因为体力透支和绝望而昏迷了过去。

孤僻的性格一般是由于缺乏必要的社会交际技能力和方法，在人际交往中遭到拒绝或打击而造成的，如耻笑、埋怨、训斥，自主性受到伤害，便把自己孤立起来。但是越不与人接触，社会交往能力就越得不到锻炼，结果就越孤僻，那么如何克服孤僻呢？

1. 正确评价和认识自己和他人

一方面要正确认识孤僻的危害，敞开闭锁的心扉，追求人生的乐趣，摆脱孤僻的缠绕；另一方面正确地认识别人和自己，努力寻找自己的长处。孤僻者一般都没能正确地认识自己。有的自恃比别人强，总想着自己的优点、长处，只看到别人的缺点、短处，自命不凡，认为不值得和别人交往；有的倾向于自卑，总认为自己不如人，交往中怕被别人讥讽、嘲笑、拒绝，从而把自己紧紧地包裹起来，保护着脆弱的自尊心。这两种人都需要正确地认识别人和自己，多与别人交流思想，沟通感情，享受朋友间的友谊与温暖。

2. 学习交往技巧，优化性格

可看一些有关交往的书，学习交往技巧。同时多参加正当、良好的交往活动，在活动中逐步培养自己开朗的性格。要敢于与别人交往，虚心听取别人的意见，同时要有与任何人成为朋友的愿望。这样，在每一次交往中都会有所收获，丰富知识经验，纠正认识上的偏差，获得了友谊，愉悦了身心，便会重树你在大家心目中的形象，长此以往，就会喜欢交往，喜欢结群，变得随和了。可以从先结交一个性格开朗、志趣高雅的朋友开始，处处跟着他学，并请他多多提携。

3. 培养自信心

自信心是对自己的正确认识和把握。建议你尝试以下几种做法以提高自信：

①重新审视自我。你有没有试过在一张纸的左边列出自己的优点和强项、右边列出弱点和不足，不假思索地尽情罗列，然后再归类整理。此时，你一定会发现自己原来有这么多平时没有太留意过的长处，而且优点的数量也远远超过了缺点的数量。

②适时地进行自我激励。在培养自信心的课堂上，老师有没有让每个学员都站起来大声地说出一句自我激励的话这其实就是为了提高学员的自信心。卢梭曾经说过："我不比别人更好，但我就是我。"这句话让每个人很受鼓舞。当自己确实不如别人时，就会对自己说："我会抓紧锻炼自我，走上自己的成功之路。"当自己遇到困难或挫折时，就要对自己说："只要全力以赴就不是愧对自己；有了这次的经验，下次我就会做得更好。"

③必要的时候应该放弃。与他人不必要的比较应该放弃，不切实际的目标应该放弃，百分之百的完美主义标准应该放弃。运用"二八定律"来衡量自己的能力，即十件事情中做好了八件就应该感到欣慰和满足。

④培养某方面兴趣。在自己的优点、专长、兴趣中，找一样(刚刚开始时，一样就够了)来加以特别培养、发展，使之成为自己的专长。虽然还不是专家，但在小圈子中，一提到某件事，大家都公认非你莫属了，专长不必太困难，如弹钢琴，气功治病那么高深莫测，可以简单至做蛋糕、剪头发、游泳、看星星、记电影的中英文名称……什么都可以，有了专长，就有机会做主角，做主角自然神采飞扬！

⑤肯定自己的能力。每天找出 3 件自己做成功的事。不要把"成功"

看成登上月球那么大的事，成功，可以是顺利跟医生约了治疗时间，上班交通一路畅顺，处理的文件档案没出一次错，等等，日常生活工作都可以有“成功”与“挫折”之分，一日至少顺利地做了3件事，又怎能说“一事无成”、“一无是处”呢，知道能把事情做好，等于对自己的能力的肯定，你可振作精神。

⑥计算已做妥的事。计算自己做妥的事而不是检讨自己还有多少件事没有做。人还没做的事永远多过已做妥的事，如果老想着这个没做，那个没做，便会愈想愈沮丧，真的会觉得自己能力低，无效率，大为失意。但已做妥的工作并列出来，可是长长的一张单子啊，能力还真的高呢，能这样想，立刻便自信心大增，不会萎靡。

4.改掉交往中胆小的毛病

首先，要时时想到自己是一个独立的人，堂堂正正的人，自己和他人在人格上是平等的，大可不必“未曾开言矮三分”。人各有优势，通过交往，可以互相取长补短。只要你有了信心，胆子会壮的。其次，要树立“必胜的信心”，即把主动和别人说一次话，或主动邀请别人做一件事，当着一次胜仗来看待。你可以这样暗示自己，我主动与你交往，即使你不理我，我也算取胜了。经过一段时间的锻炼，一旦你经常品尝到“胜利”的滋味，你的胆怯心理就会逐渐被克服。

总之，要面对现实，主动和别人交往，树立信心，增强自尊，这样会体会到与人交往是一件平常的、正常的事。多一分自信，胆怯就会减少一分。多一分交流，才不至于成为职场上被遗弃的“独行侠”。

第九章 改善沟通技巧，真诚谦和促进合作

在工作中我们要学会人际沟通。人际沟通是指一种有意义的互动历程，高效的沟通需要讲究方法。在职场中，不管是对上司、下属、同仁、客户，或对各接洽商谈的单位，都需要良好的沟通，否则工作将无法顺利进行，良好的人际沟通是润滑剂，它能消除职场中人与人的摩擦，所以良好的人际沟通能力对员工来说非常重要。在职场中，学习做更好的沟通使人际关系更圆融，也使生命更精彩、更有意义！

1. 被动沟通让你吃“哑巴亏”

高效顺畅的人际沟通应该是彼此间都非常积极主动、互相体谅、真诚尊重的。可惜的是，实际情形并非如此。有些人咄咄逼人，常常对别人步步紧逼，不断地提出请求，需索和进行试探，直到遇到对方抗拒为止。而另一方面，有些人则消极被动，对于他人的“步步紧逼”默默接受，事后却找出种种理由来解释他们何以永远被欺侮。

让我们来看看以下这几个日常例子。

艾媚有个朋友不断向她借东西，但从不归还。艾媚鼓不起勇气向她追讨。她的解释是：“如果我去质问她，就会伤害她的感情，而她又是我很要好的朋友。”

约翰在工作单位里有个能言善辩的同事，三番五次地说服约翰替他做一部分工作。约翰一向把自己视作愿意为别人帮忙的“好好先生”，可是他也知道自己的好心只会使那个同事腾出点时间去进行交际应酬。约翰的解释是：“老是找不到适当时机和场合来提起这个问题。”

安德莉亚对她的两个孩子所要求的任何事情，不论是购买新玩具，迟迟不上床睡觉，或是不做作业而看电视，差不多全都答应。安德莉亚的解释是：“他们只是孩子，满足其要求会使他们快乐。”

象艾媚、约翰和安德莉亚这样的人，往往为了面子而从不主动与他人正面沟通。他们简直就不知道怎样拒绝别人——而正因为这样，他们吃亏不少。

但人是可以改变的。如果你认为你也像他们一样，那么，你可以学会利用一些方法来表明你的感受和希望，更加积极主动地和人沟通，保护你自己的权益和尊严。被动沟通，永远只会是吃亏的那一个。

对于企业员工而言，沟通则是为人处世的第一能力，培养、磨炼自己顺畅而高效的沟通能力是每个员工的必修课程。工作中的沟通范围主要包括，与上司的沟通、与同事的沟通、与下属的沟通以及与客户的沟通等；其中最重要的沟通内容就是与上司的沟通。然而令人遗憾的是，对多数人而言，可以跟自己的同事、客户都能进行非常顺畅的沟通，然而一旦遇到要跟上司沟通的情况，就成了“软肋”或“瓶颈”问题。

职场中，多数人其实不喜欢或者害怕跟上司沟通，分析起来大致的原因包括：

在与上司的沟通经验中，自己感觉更多的是被上司批评或者训斥，逐渐产生了畏惧；感觉上司是领导，某些等级观念作祟使得自己宁可憋在心里，也不愿意跟上司去沟通；自己认为某些事情很小，根本没必要去麻烦繁忙的上司；跟上司沟通过某些事情，却根本没有任何结果，渐渐地也就很少再去沟通了；自己内心害怕与上司沟通，也不知道该怎么跟上司沟通；……正是由于上述原因的存在，逐渐地开始有意避免跟上司进行直接沟通，从而处于“消极待毙”的尴尬位置，缺乏顺畅沟通的管理关系，是非常危险的。

有位朋友曾讲起这样一件事，说某公司的电脑程序员小王有一阵子受到上司冷落，尽管小王的工作成绩非常突出。其实，小王有几次也想去跟上司沟通，询问一下上司对他的看法，令人遗憾的是，小王始终没敢敲响上司办公室的门。直到有一天，还没到公司统一发工资的日子，公司却通知他去财务部领工资，因为他被公司解聘了。这件事儿让他百思不得其解。而真实的原因是什么呢？原来公司领导听说小王在外偷偷搞兼职，有吃里扒外之嫌。小王是受冤的，他根本就没有在外兼职，是同事嫉妒他业绩出众，打了小报告诬陷他。

其实，事件的情节并不复杂。如果小王在感觉到问题发生的时候，能及时、主动地去跟上司沟通，弄明白原因，并予以澄清，结果就会完全不一样。然而，小王却因为怯于跟上司主动沟通，最终含冤而去确实让人遗憾。

这个例子看似个别，实际上类似情况却经常发生在我们身边。在需要跟上司主动沟通的时候，我们总是感觉没用处、意义不大，或者认为没有必要。于是，犹犹豫豫、瞻前顾后，甚至是胆战心惊，结果呢？跟上司之间的鸿沟更宽、更深。太多的职场教训告诫我们，这并非危言耸听。

在职场上奋力拼搏的我们，弄明白应该树立怎样的意识，抱着怎样的心态去跟同事、客户、上司等人沟通，对个人发展至关重要。明白了这个道理，接下来可以注意观察和分析与人沟通中存在的一个普遍现象：凡涉及与某些重要事情的沟通，只要是我们主动去跟人沟通的，过程或结果大都会是快乐的；而那些被动跟人沟通的，过程或结果却大都是痛苦的。

在你消除被动沟通上的不良习惯时，你必须用更为有力的办法来代替。下面有八种积极沟通的办法供你参考。

(1)要直截了当。把你的期望说得清清楚楚。消极的人常常以为，他们就是不吩咐，别人也会知道该怎么做。这往往会引起许多不必要的问题。

(2)要考虑透彻。说明问题之前，脑子里先要有个概念。事先把事情想通想透，你才能陈述得合情合理。

(3)碰到问题立刻解决。躲避问题只能使问题更趋严重和更难解决。如果你对小的问题亦及早处理，那无异是一开头就说明了你的期望，而别人也就能确实知道你的看法。

(4)小心选择要对付的问题。新近才学习维护自己权利的人常会做得过火，在同一时间对付太多问题，以致往往弄得焦头烂额。如果能适当选择问题，你便更能控制局面，取得较大的成功机会。

(5)表现自己时不可愤怒。如果你只在怒不可遏的时候表现自己，那表示你是软弱的。假如你不能平心静气地表现自己，你对别人的话的反应便可能过于激动。况且，当你大发脾气的时候，别人很可能会为自己辩护。这样，真正的问题通常便解决不了。同样的道理，如果别人听了你的说话之后产生过分激动的反应，你也不可感到愤怒。你的毫不动气，可以在相形之下显示出对方的态度很不成熟，而且，你的镇定通常还能使他冷静下来。

(6)利用你自己地盘。球队在本地和外队比赛,常较易获胜。维护自己的权利也是一样。在一位同事的办公室或他的家里和他对抗,往往会处于下风。因此,在可能范围内,最好在你自己的“领地”坚持你的意见,这样你便可以占到不少微妙的便宜。

(7)利用非语言的暗示。说话时眼睛要与对方保持接触。不要反复不断地说明你的理由,要用停顿来加强效果。用适当而非挑衅性的手势来强调你的论点。

(8)不要虚作恫吓。你在虚张声势的时候,即使年幼的孩子也知道。要建立你的威信,就必须说明你的合理期望,以及说明如果这些期望不能达到时会产生什么后果,然后贯彻到底。要赢得别人对你的尊重,只有让他们确实知道你言出必行。

从被动沟通变成积极沟通并不是一条易走的路。你可能需要更大的勇气和信心,你也有可能因为直言不讳而会失去一些亲密或友好的关系。但是,为了争取自己的自尊和权益,争取事情的顺利进展,争取职业生涯的发展,有所损失也是值得的。当你主动面对眼前的世界,更为健全的新关系,更为顺畅的道路就会出现在你面前。毕竟,你的人事关系和职业生涯如何,是由你自己的沟通态度决定的。

2.太过固执会毁灭团队合作

随着知识型员工及工作内容智力成分的增加,越来越多的工作需要团队合作来共同完成。全新的团队合作模式更强调团队中个人的创造性发挥和团队整体的协同工作。团队合作模式对个人的素质有较高的要求,除了应具备优秀的专业知识以外还应该有优秀的团队合作能力,这种合作能力有时甚至比你的专业知识更显重要。作为一个团队中人,无论领导者还是普通人员,都不可以太固执,一意孤行,而应当听取团队成员的意见,以取得进步。这样才能建立起一个良好的团队。否则,团队里某人独断专行,固执行事,不是人事动荡就是事情败走,团队缺乏凝聚力就和一盘散沙没区别。

在过去一年多内，Facebook 数位高管，特别是首席运营官欧文·范纳塔和产品经理马特·科勒的辞职，都是出于相同的原因，那就是 Facebook 首席执行官 CEO 马克·扎克伯格独断专行，不再容忍会议上公司高管们持有不同意见或挑战性辩论。

一位 Facebook 的内部消息人士称，“公司会上不允许有不同意见，基本上就像是在通用汽车或通用电气一样。”但一位 Facebook 的离职员工透露，实际上以前不是这样，Facebook 起步时发展顺利的原因就在于该公司允许和鼓励发表不同意见，这也是人们加盟创业公司的原因，早期团队总是令人惊奇的。但 Facebook 的早期团队已不复存在，其中的很多人都最终打算离开，只不过没能如愿尽早离开而已。例如，科勒离职就比他计划时间提前，但损失了数百万美元。

Facebook 创建之初，共有 5 名联合创始人，现在也仅剩下了扎克伯格一人。关于 Facebook 如何前行，扎克伯格只能形单影只自己作主了。

强大的企业团队大多具有全局的观念，他们定期召开会议，在上下级之间、横向各部门之间会问这样的问题：“在这半年中，我的工作为你的工作作出了哪些贡献？提供了哪些方便？造成了哪些不便？添加了哪些麻烦？还需要我做什么事情？”这样的团队会变得越来越强大，因为他们除了做好自己的工作以外，还在为其他部门考虑，为全局考虑。这样的团队合作所产生的绩效一定会超过单兵作战的组织。这样的道理，我们可以从一场小小的篮球赛中就轻易获得。

高一(1)班和高一(6)班进行篮球友谊赛。根据课堂教学观察，两个班实力相当，而且互相不服气。(1)班的队员实力比较平均，基本功也很好，特别是有个叫黄祥的同学，控球能力强，而且投中率高。(6)班有三个队员比较突出，其他两个一般。

比赛开始了，(1)班凭着个体的技术，基本单打独斗，谁拿球谁进攻：而(6)班根据队员特点分工明确，组织、接应、上篮打得有板有眼。很快，(6)班就领先了较大比分，33 比 15 结束了上半场比赛。

场间休息时间，老师过去和(1)班进行了交流：篮球比赛是集体项目。5 个人同时上场进行作战，大家要相互协作，各司其职。就像 NBA 中的姚明，内线实力最强也得有其他队员给他传球才能有更多得分机会。大家七嘴八舌，有的说没人给他传球，有的说没人掩护他，反正都觉得打得很糟糕。老师就趁机说，大家别争了，好好分一下工，争取下半场打得好些。体育委员站出来根据队员特长进行了分工。

下半场比赛开始了。(1)班队员吸取上半场的教训，没有单打独斗，而是相互配合，打得很有章法，渐渐的与(6)班分数接近了。但由于上半场比分拉得太大，双方又实力相当，最终并没有获胜。随着裁判一声哨响，比赛结束了。(6)班同学狂欢，(1)班同学都是一脸沮丧，很是不服，说要是早就这么打肯定赢了，下次再打一定要吸取才识。

篮球比赛是最典型的团队合作模型。这种分开单打独斗的毛病，其实就是固执。我们应该从这种合作模式中得到启发，不仅是明确各自的职责，保持顺畅有效的沟通，而且要主动承担起各自的责任，经常思考和互问："我的工作能为你带来什么方便？我的工作能为你作出什么贡献？我的工作给你造成了哪些麻烦和障碍？"经常地互问，不断地改进，团队才能成为真正的团队，而不是一群乌合之众。

团队合作中避免固执，团队成员，尤其是团队领导应该做到以下几点：

1. 积极发现每个成员的优点。在一个团队中，每个成员的优缺点都不尽相同。我们应该积极发现团队成员的优秀品质，并且学习和发扬它，让自己的缺点在团队合作中逐渐消失。团队强调的是协作，最好不要有命令和指示，这样团队的工作气氛就会变得轻松和谐，工作就会变得很顺畅，团队整体的工作效率就会大大提高。

2. 对每个人都给予鼓励。每个人都有被人重视的需求，特别是那些辛劳工作的基层员工更是如此。就如我们的保安员、清洁工工作时间长，工作又苦又累，有时给予他们一句小小的鼓励和赞许，就可以使他们释放出无限的工作热情。最关键是，当你对他们寄予表扬的同时，他们也同样会给予你希望。

3.时刻检讨自己的缺点。我们应时刻检讨自己的缺点，比如检讨一下自己的工作心态好不好？对待日常的工作是不是有所怠慢？对待客户的沟通工作做得够不够好？能否虚心接受别人对自己的批评？这些缺点在自己看来可能不算什么，但在团队合作中它就会成为你进步成长的障碍。如果你固执己见，无法听取他人的意见，你的工作状态不可能有进步，甚至会影响到其他成员的工作积极性。团队的效率在于每个成员配合的默契，如果你意识到了自己的缺点，不妨坦诚地承认它，想方设法改掉它，也可以让大家共同帮助你改进。当然，承认自己的缺点可能会让你感到尴尬，但你不必担心别人的嘲笑，你只会得到他们的理解和帮助。

4.保持足够的谦虚。团队中的任何一位成员都可能是某个领域的专家，所以你必须保持足够的谦虚。任何人都不喜欢骄傲自大的人，这种人在团队合作中也不会被大家认可。你可能会觉得在某个方面他人不如你，但你更应该将自己的注意力放在他人的强项上，只有这样才能看到自己的肤浅和无知。谦虚会让你看到自己的短处，这种压力会促使自己在团队中不断地进步。

在团队中，如果每个队员都能够克制固执，不断地释放自己的潜在才能和技巧，能够相互尊重和重视，相互鼓励和坦诚交流，大家就能在各自的岗位上找到最佳的协作方式，为了团队共同的目标，自觉地担负起各自的责任并为此积极奉献。

3.说话不分场合当心得罪人

说话不分场合和情境，想说就说，难免会弄出些尴尬来。有这样一个笑话：中国人的热情是出了名的，两个熟识的人，不管在什么场合碰上，都少不了一番热情的问候，而用得最多的大概首推“吃了吗”这句，尤其在餐前餐后这句话的使用频率更是高了。两个人在洗手间门外碰上了，一人从里面出来，另一人正准备进去，忽见是熟人，两人也就热情地招呼了起来：“吃了吗？”“刚吃过了，你呢？”“还没呢，正准备去吃。”对话很快结束了，“吃了的”一脸轻松地往外走，“正准备吃的”一脸紧张地继续向里跑。

说话不能不看场合、地点，该在哪里说的就在哪里说，不能也不应该乱说。这应该是很多人都明白的道理。但是，要做到，也是需要一番历练的。有时候，很多话就那样不经过大脑冒了出来，触动了情绪的“雷区”，由此带来尴尬气氛或是得罪了人，可就麻烦了。

比如开会的时候，领导讲话你不要插嘴，有错误也不要当面指出，这是职场的黄金定律之一；朋友生病了，前去探望，需要鼓励他，说一定能够好起来，不能说些不吉利的话让病人不开心；几个哥们儿一起聚会、喝酒，不要提一些大家都不愿提的话题把气氛搞僵了……所有这些，都是会说话的表现。有的时候，不会说话带来的后果还真的很严重，我们可以一起来分析一下下面这个例子。

一位毕业于某高等院校中文系、勤勤恳恳工作了几十年的老教师退休了。为此，学校为他和另一位曾多次荣获过“先进”的退休老同志一并举行了一个欢送会。与会同志和领导对他们的工作和为人进行了热情洋溢而又非常得体的肯定和赞扬，相比之下，对那位曾多次荣获过“先进”的老同志的赞誉则比较多。当轮到两位受欢迎的退休老同志致答辞的时候，他们对大家的赞誉作了深情的感谢。

一时间，会场里充满了一种令人动情的温馨气氛。作为答谢，话本该说到这里为止，然而，那位老教师却并未就此停止，却从大家对另一位“先进”的赞扬中引发了感触，并作了颇缺考虑的联想和发挥：“说到先进，十分遗憾，我从来也没有得过一次……”话犹未尽，坐在他对面的、平日与他相处得不太融洽的一位青年教师突然抢了话头：“不，那是我们不好，不是你不配当先进，是怪我们未曾提你的名。”话语中带着一种不肯饶人而又让人感到十分难堪的“刺”，冷不防地老教师的眼角眉梢被“刺 ”出了一股感伤的表情。一时间会场中出现了一种怏怏不悦的尴尬气氛。

一位领导见形势有些不妙，就马上把话茬给接了过来，其实应该缓和一下气氛。避开让大家敏感的“先进”这个话题，转而谈论其他的话题。但是，他却反反复复地劝慰那位退休老教师，叫他对“先进”的问题不要太在意，说没有评过先进，并不等于不够先进，先进不仅在名义，更要看事实等等和先进有关的话，一时话，等于是把本应避而不谈的话题作了重复和引申，使本已尴尬的局面显得更加尴尬了。

这是一个时刻都有可能发生在我们身边的事情。我们不妨把它叫做一个“不会说话的故事”。从这个故事中，可以引出几点发人深思的教训：一是那位退休老教师的教训：在退休欢送会这样的场合，别人所说的一般都是一些非常富有情感而又不失其真的比较得体的人情话和好话。对于这种充满人情味的好话，听话者要善于倾听，善于应答，但是根本没有必要拿别人的长处来衡量自己的短处，从而引起自己的不快。就好像不要在别人都很高兴的时候去说悲伤的话题一样。

二是那位青年教师的教训：不应该在别人失意之火“燃烧”时更进一步地“添油加火”。在欢送会这种场合，我们不能乘别人一时失言，抓住别人的缺点不放，一个人在说话时应该理解“得饶人处且饶人”这句话的含义，不应为了图一时之痛快而说出那些不合人情味的刻薄话。在这种场合，不管怎样，还是要在“欢”字上多考虑一些，“欢送欢送”，“欢”而“送”之，要尽可能地多留一点美好让人在以后有些想头。

三是那位领导人教训：作为领导人知道这种情形再继续谈下去会出现十分尴尬的局面，所以应该避开使大家敏感的话题。应当巧妙地把话题岔开，使欢送会的气氛由暂时的不欢而重新转到欢快的气氛当中去，并顺势掀起新的高潮，而不是像那位领导人一样在敏感的话题上唠叨不休。这样让大家的情绪一直停留在这个尴尬的话题上，根本就没办法再找回那种欢送会的气氛，再怎么安慰也无济于事。

这三方面的教训合为一点就是：说话要注意场合。不看场合，随心所欲，信口开河，想到什么说什么，这是“不会说话”的人的一种拙劣的表现。

人总是在一定时间、一定地点、一定条件下生活:在不同的场合,面对着的不同人,不同的事,从不同目的出发,就应该说不同的话,用不同的方式说话,这样才能收到理想的言谈效果。

1993年底,香港宝莲禅寺天坛大佛举行开光大典,新华社香港分社社长周南、港督彭定康均应邀作主礼嘉宾。

仪式结束后,彭定康答记者问,指责我港澳办关于香港问题的声明,“并不是一份有特别吸引力的圣诞礼物”。记者以此请周南发表意见,周南以“佛教的日子”为由不予评论,因为在宗教圣地,参加宗教仪式,双方展开外交争论是不合时宜的。

记者追问再三,周南顺口答道:“谁搞‘三违背’定会苦海无边,罪过罪过!谁搞‘三符合’,自是功德无量,善哉!善哉!”末了一句“阿弥陀佛”,引得在场者阵阵掌声和笑声。

与不分场合的记者不同,周南的答问技巧正所谓是:“见什么人说什么话,到什么山唱什么歌。”同样采取这种技巧的还有王震与艾青的谈话。

1957年,王震找到被错划为右派的艾青,一见面就说:“老艾,我又爱你又恨你!你是不反对社会主义的,你是拥护真理的嘛!离开文艺界,你到我们那里去吧!”

艾青到了王震兵团所在的密山安定下来后,王震诚恳而严肃地对艾青说:“老艾呀,你要是搞不好,我是要骂你的。等我死了,你再写文章骂我!”这些都是在背地里谈的话,在大庭广众之中说法又不一样了。艾青刚到密山,参加向荒原进军的动员大会,王震站在卡车上对大家说:“有个大诗人,艾青,你们知道不知道?他也来了,他是我的朋友。他要歌颂你们,大家欢迎不欢迎呀?”

还有一次,艾青不在身边时,王震对农场领导说:“政治上要帮助老艾,赶快让他摘掉帽子,回到党内来。要让他接近群众,了解战士。”

前两次讲话，均为个别交谈的场合。王震的话语既有信任，亦有批评，既有鼓励，也有严格要求，还不乏朋友间的坦诚直率。后两例，交际场合为当事人不在场或大庭广众中。话语更多热情、爱护与帮助，这对当时的艾青来说，真可谓久旱逢甘霖，使他一直半吊着的心安稳了，觉得自己“开始了生命的新旅程”。没有老将军这些恰如其分的讲话，或许就不会有艾青的新生。由此可见，根据场合讲话是多么重要。

一个聪明、有头脑的人，不仅要开朗大方，能说话。还要能看眼色说话。有些话，是可以公开说调节气氛的，有些话，则是只能私下里说的。尤其是跟自己关系密切的朋友、上司、同事之间，更需要讲究说话的艺术。说话不分场合和情境：想说就说，那么即使你在其他方面做得再好，也会吓走本来能够融入你圈子的人，如此只会因小失大，后悔莫及了。

4. 滔滔不绝不如耐心倾听

也许你有很多想法，很多心情，需要倾诉，但是，如果你喋喋不休，身边的同事、客户、朋友，就会对你报以礼貌但是轻蔑的眼神，因为唠叨不已的人，并不是一个赏心悦目的画面。一个人滔滔不绝，说的痛快淋漓，有用没有用的、实际的不实际的，一律知无不言言无不尽，别人只是个听你演讲的机器。任你把个小事能讲的多么天花乱坠，但得明白这样的谈话不叫沟通，那叫什么？用一句成语来形容——夸夸其谈。

有一位销售员回顾项目组的销售经历说：那一次，我们终于找到了一个大客户，他们慷慨地给了我们一次交流的机会。于是，我们的销售和支持团队激情万丈地研究客户，并精心准备了一个“轰动级”的演示材料。在经过无数演练和模拟后，我们到了客户那里，我们做了精彩的演示，论据充分、特点鲜明，我们认为我们有充分的信心赢得这个客户。可是在那次演示之后，客户再也不给我们继续演示的机会了，也根本不和我们联系，过了 3 个月，他们和别人签订了合同。于是我们捶胸顿足地喊，这个

客户根本没有诚意，根本就是耍我们，客户关系根本就没有到位，我们根本就是炮灰，等等。

美国一份关于公众对销售人员评价的调查报告显示，人们最讨厌的销售人员的形象就是：一见面就喋喋不休的谈自己的产品与公司，千方百计想向顾客证明自己的实力与价值。你越快开始介绍自己的产品，客户就越容易产生抵触心理。客户会想，你一点都不了解我到底需要什么，我为什么要听你介绍那些不相干的东西。你需要让客户明白，你是真的在关心他，为他的利益着想，而不是总想着从他身上赚钱，你唯一的方法就是，小心的提问并认真的倾听。要知道，一般来说，客户对所有的推销者都是带着抵触心理的。

科学家曾对一批推销员进行追踪，其追踪的是10%业绩最好的和10%业绩最差的。追踪发现，他们的业绩之所以有如此巨大的反差，与他们是否善于倾听关系极大——那些业绩最差的10%，每次推销平均说话为30分钟；而那些业绩最好的，平均只说12分钟。实际这也很容易理解。你想，你说得多，自然听得少；你说得少，自然听得多。听得多，对顾客了解透彻，自然就心中有数、推销也会有的放矢。这颇像医生看病，诊断正确，才能治疗有效；这也像军队打仗，情报可靠，才能胜券在握。

夸夸其谈者就如同只顾推销而不顾倾听的销售员一样让人心生抵触。所以，有时候，停下来，安静地听一听他人的声音，也许你会收获很多。

二十世纪最杰出的人生导师戴尔·卡耐基就是这方面的一位高手。他的信条就是："不管别人对你赞赏或是批评，你都要听进去，如果你是对的，就要试着温和地、技巧地让对方同意你；如果你错了，就要迅速而热诚地承认，这要比为自己争辩有效和有趣得多"。一次，他在一位著名植物学家家中做客，他整晚都在津津有味地听，只是偶尔插上一二句。没想到临别时，对方竟握着他的手大加赞赏："你是我平生遇到的最好的谈话专家！"你看，这多有意思——始终在听，只偶尔插一二句话，却成了"世界上最好的谈话专家"，这多值得我们回味？！松下电器王国的缔造者松下幸之助更是这一领域的高手。他认为如果你身为老板不善于倾听，那人家有再好的主意也不说出来，你公司岂不只剩你一个头脑！相反，如果你善于倾听，能把大家的智慧挖掘出来、调动出来，那你的力量岂不可惊天动地，势不可挡！

你需要倾听不同意见。在工作和生活中，存在不同意见是很正常的。有了不同意见，才能够进步，你才能够和别人良好的沟通。

你需要倾听逆耳之言。人无完人，发自内心的提示与批评是一种关心和爱护，同时也是一种难得的帮助。态度良好的接受这种逆耳之言，也会显得你虚怀若谷。

你需要倾听朋友的诉说。朋友向你诉说，是因为他对你的信任，也许你连一句安慰的话也不用说，只要倾听，之后他就会好受很多。

你有些坏习惯、小毛病，单位上恐怕没人直说。但在家里，就有人说了。你坐没坐相，站没站相，不讲仪表，母亲就要说你几句；你又吸烟，又喝酒，有时还闹得酩酊大醉，妻子就要管管你了；你不尊老爱幼，在家里惹是生非，可能就要受到家庭成员的指责。这些你需要倾听的东西，其实都是爱你、关心你，为你好。

成就大事业的人，总有一双善于倾听的耳朵。

美国著名的主持人林克莱特在一期节目上访问了一位小朋友，问他：“你长在了想当什么呀？”小朋友天真地回答：“我要当飞机驾驶员！”林克莱特接着说：“如果有一天你的飞机飞到太平洋上空时，飞机所有的引擎都熄火了，你会怎么办？”小朋友们想了想：“我先告诉飞机上所有的人绑好安全带，然后我系上降落伞，先跳下去。”

当现场的观众笑得东倒西歪时，林克莱特继续注视着孩子。没想到，接着孩子的两行热泪夺眶而出，于是林克莱特问他：“为什么要这么做？”他的回答却让所有正笑的人都端正姿势：“我要去拿燃料，我还要回来！还要回来带着大家飞到目的地！”

主持人林克莱特与众不同之处，就是他能够让孩子把话说完，并且在

“现场的观众笑得东倒西歪”时仍保持着倾听者应具备的一份亲切、一份平和、一份耐心。这大概就是他成为著名主持人,做过很多成功采访的诀窍之一吧。

你的同事当中可曾有过不善倾听别人说话的人?就像跟一堵墙说话一般?即便工作很能干,不善倾听的人到了职场就成了问题制造者,令人烦躁。没人愿意跟这样的人打交道。

反之则是另一个结果,如果善于倾听而且听得很认真,你就会在大放异彩。倾听加深理解、丰富关系,而且会让紧张的工作氛围得到缓解。善于倾听甚至会让你成为效率更高的员工,因为你对工作以及工作要求比较清楚。善于倾听也是合格领导最重要的素质之一。

实际上,倾听是一种漂亮的技巧;善于倾听的人是非常难得,就像加班发加班费那样难得。也许这是一个匆忙的社会,也许我们都在忙着打品牌,忙着给人留下好印象。也许这个建议太简单。实际不然。善于倾听需要投入时间和精力。现在你就可以站起来,有意识地改善你的倾听能力。下面就是美国在著名职场专家卡伦·伯恩斯提出的几条建议。

第一,把自己的想法放在一边,专心听别人说话。

第二,从别人的言谈话语中发现有意义且有价值的内容。

第三,注意说话者的面部表情和肢体语言。

第四,提出有意义的相关问题。

第五,复述他人刚说过的话。

第六,点头或者歪头。

第七,时不常与说话人的目光对接。

第八,脸上要有一种倾听的表情。

第九,学会使用感叹语,诸如“是”、“嗯”或者“我明白”。

第十,要跟说话人的姿势相似。

第十一,身子前倾,靠近说话人。

第十二,一动不动地坐立。

第十三,记笔记。

仅有这几条还不够,下面几件事千万别做:

第一，回答的时候不要打腹稿。

第二，不要给说话人挑错。

第三，不要作结论。

第四，不要替说话人把话说完。

第五，别人说话时不要写短信、查邮件或者做其他什么事情。

最后一句提示：点头、歪头、眼神相接或者发出感叹的时候要轻松自然。上面这些动作如果出现太快有做作的嫌疑。不能让说话人有被鄙视甚至嘲笑的感觉。要记住倾听是一种你已经具备的力量，不需要夸大。倾听！倾听吧，看看会有什么结果。

教育家卡耐基说："做个听众往往比做一个演讲者更重要。专心听他人讲话，是我们给予他的最大尊重、呵护和赞美。"每个人都认为自己的声音是最重要的、最动听的，并且每个人都有迫不及待地表达自己的愿望。在这种情况下，友善的倾听者自然成为最受欢迎的人。富兰克林在那本著名的自传里写下了这样的话："总而言之，在言谈中，用耳朵比嘴巴强，我坚信沉默是一种美德。"倾听是一种姿态，是一种与人为善、心平气和、谦虚谨慎的姿态。有了这种姿态，就能做到海纳百川、光明磊落、心底无私。

开心驿站

脑筋急转弯

1. 世界上谁的头力气最大？

2. 什么东西最能让人满足？

3. 天最顶上是什么？

4. 什么狗身上湿淋淋的？

5. 哪座桥不能开车也不能走人？

6. 两个口是吕，三个口是品，那么四个口、五个口分别是什么字？

7. 小明放学回家对妈妈说："家里有一个地方，我想坐就坐，而你却不能坐。"你知道这是什么地方吗？

8. 一个人有一个，全国 12 亿人只有 12 个，这东西是什么？

9. 什么人喜欢天天下雨？

10. 一个人，他感觉地球在颤动，为什么？

11. 动物园里大象的鼻子最长，那谁是第二个长的呢？

12. 在中国，哪个村庄最大？

13. 马在哪里不需腿也能走？

14. 美国总统是怎么进皇宫的？

15. 一个数去掉首位是 13，去掉末位是 40。请问这个数是几？

16. 我们都知道把一只大象放进冰箱里分三步：1 把冰箱门打开；2 把大象放进去；3 把冰箱门关上。那么，请问把长颈鹿放进冰箱里分几步？

17. 小芬对小芳说："后天的大前天的后天，也就是昨天的昨天的大后天是我的生日，请来参加我的生日会。"小芳应该什么时候赴约呢？

18. 什么样的钉子最可怕？

19. 杰克跑的最快，为什么他的长官还要批评他？

20. 穷人和富人在什么地方没有区别？

答案：

1.火车头

2.袜子

3.是“一”

4.落水狗

5.郑板桥

6.田、吾

7.妈妈的膝盖上

8.12 生肖

9.制造雨伞商

10.他喝醉酒了

11.小象

12.石家庄

13.象棋盘上

14.从大门进去的

15.四十三

16.四步：1 把冰箱门打开；2 把大象拿出来；3 把长颈鹿放进去；4 把冰箱门关上。

17.是明天赴约

18.眼中钉

19.逃跑

20.浴室